時尚
模特兒
FASHION MODEL

葉立誠 著

自序

早在1992年留學英國時，個人就已經強烈感受到，當時歐洲對 "model"（模特兒）重視的火熱。對於這種熱度的形成，可追溯到1980年代的後期，當時 "supermodel"（超級模特兒）才開始在歐美時尚圈崛起，而誰也沒料想到，自此以後，就如火鳳凰般一飛沖天，甚至到了1990年代的初期，西方世界更把這群頭頂著 "supermodel" 光環的 "fashion model"，推向到一個高點，讓她們榮登坐上擁有新霸權勢力的后座，而且還與好萊塢的巨星平起平坐，享有相同等級的禮遇。

在目睹西方世界 "model" 這一切發展的現象，讓我預知到臺灣有朝一日，也一定會走向這個趨勢（因為臺灣的流行文化在20世紀之後，就深受西化的影響，是亦步亦趨、緊緊跟隨在西方之後的步調下而前進）。果真，2004年在名模林志玲的帶動之下，引來國人對 "model" 普遍的關注，這種突如其來的關注，就好像是被雷電打到一樣，大家對 "model" 的存在，瞬間有了驚覺般的醒悟。

自從國內「名模效應」產生之後， "model" 很快的受到臺灣社會普遍高度的矚目與重視， "model" 不再如過往只是個可有可無、跑龍套的小角色，而是話題接連不斷的焦點人物。

有趣的，當 "model" 這個議題，一下躍升成為熱門探究的新顯學，連在教育體系的學校，看到這種發展趨勢，也開始紛紛成立與 "model" 相關的一些科系或是組別。不過遺憾的是，雖然大家如此重視 "model" ，但學界與坊間，卻未見出版一本由國人針對 "model" 為專題所撰寫的專書，而這也造成大家對

"model" 認知上的欠缺與不足。筆者基於對時尚文化教育的使命，決定為這個空缺填補一些內容、提供一些想法。

自己在籌劃這本書時，還是以個人所熟悉的歷史脈絡為主軸，並且以「時尚模特兒的前世 — 藝術模特兒」、「時尚模特兒的推手 — 時尚攝影師」、「西方時尚模特兒的本尊」、「臺灣時尚模特兒發展史」，這四個獨立篇章來做為全書主要的結構。至於會以「藝術模特兒」與「時尚攝影師」做為論述「時尚模特兒」鋪陳前的安排，主要是基於一些考量上的用意。其中在「藝術模特兒」部分，是考慮到 "model" 一詞在語意上淵源，它和藝術有著深厚的關係。至於「時尚攝影師」部分的開列，則是顧及到「時尚攝影師」對 "fashion model" 價值的提升與確立，是具有直接且關鍵的影響所致。

當然，即便是有再好的想法，若不能將之以文字集結成冊，終將如浮雲般飄逝而過，所以要特別感謝「商鼎數位出版有限公司」提供本書出版的機會，以及在編務上全力的協助。最後，希望這本書的問世，能有助於國人對 "fashion model" 相關課題的理解。

葉立誠

2020/1/18

作者簡介

葉立誠

學歷

・英國中央英格蘭大學（UCE）研究所藝術史及設計史碩士；
  專攻服裝史與服裝理論

現職

・實踐大學服裝設計學系專任助理教授

主要經歷

・國立臺灣師範大學兼任助理教授
・國立空中大學兼任助理教授；學科委員暨電視教學主講
・教育部委辦《技職教育百科全書》服飾學理類主筆
・客家委員會諮詢顧問及專案審查委員
・新聞局製播「臺灣衣著文化」顧問
・國立科學工藝博物館展示廳諮詢顧問及專案審查委員
・新北市職業學校群科課程綱要總體課程審查委員
・「臺灣文化創意加值協會」理事
・「臺灣創意設計中心」顧問
・公共電視製播「臺灣人的歷史一打拼」之服裝指導顧問，
  該節目榮獲第 42 屆金鐘獎最佳美術指導獎
・內政部「臺灣新衫設計大賽」評審
・客家委員會「百搭客裝」全國服裝設計大賽評審長

葉立誠教授為比利時尿尿
小童量身打造客家服裝
史上首次
尿尿小童換裝臺灣
客家服飾

主要代表專書

· The Evolution of Taiwanese Costume in the Twentieth Century, under the Influence of Western Dress（U.C.E., U.K.）
· 服飾行為導論（矩陣出版社出版）
· 映象藝術（國立空中大學出版社出版）
· 客家小小筆記書 009 服飾篇（行政院客委會出版）
· 刺客繡：臺灣客家傳統刺繡展專刊（臺北縣文化局出版）
· 臺灣顏、施兩大家族成員服飾穿著現象與意涵之探討（秀威資訊科技出版）
· 家政教育與生活素養（秀威資訊科技出版）
· 造型設計（國立空中大學出版社出版）
· 服飾穿著也是做人的一種修練（實踐大學出版）
· 研究方法與論文寫作（商鼎數位出版）
· 服飾美學（商鼎數位出版）
· 服飾美學 [典藏二版]（商鼎數位出版）
· 中西服裝史（商鼎數位出版）
· 臺灣服裝史 [典藏二版]（商鼎數位出版）
· 臺灣服飾流行地圖服裝史（商鼎數位出版）
· 二十世紀臺灣服飾變遷之研究（商鼎數位出版）
· 解開內在美的神祕面紗（商鼎數位出版）
· 形體輪廓與束腹的前世今生—從克里特島的束腰到蘿琳亞的塑身衣（商鼎數位出版）

比利時首都布魯塞爾尿尿小童享譽國際，這個身高只有 55 公分的「小不點」，每年吸引難以計數的國際觀光客，讓許多國家或城市都想在小童雕像上穿上代表性服裝以增加知名度，因此臺灣客家服裝能在競爭激烈中勝出不容易。

這次尿尿小童換上客裝，是客委會邀請實踐大學服裝設計系助理教授葉立誠量身打造，以「大襟衫」、「大襠褲」為概念，配搭傳統鞋履，展現低調簡約的生活美學，並呈現臺灣客家克勤克勉文化特質。（摘自 2018/03/08 中央通訊社，編輯：高照芬）

目次

第三篇
西方時尚模特兒的本尊

第四篇
臺灣時尚模特兒發展史

本書所有圖片，除特別於圖說註記之外，其餘皆取自維基百科公共領域。

第一篇
時尚模特兒的前世——藝術模特兒

「美」，它原本是如此的模糊不清、難以捉摸，但透過這些藝術家的繆思，讓我們得以清楚一窺美的具象所在。

西方的時尚流行，在發展成為一種大眾普及文化的20世紀之前，對於「穿著」與「形體」這兩者所建立的審美價值，相當程度是受到藝術界畫家與雕刻家的主導所致。

在 "Modelling"（時裝模特兒）尚未確立成形、建立模式之前，一般大眾對 "Model"（模特兒）一詞，所認知的概念，大抵上就是指「作為藝術家所臨摹的特定對象」，我們姑且就稱他們為「藝術模特兒」。

這些做為藝術家所臨摹的對象，尤其是女性模特兒，她們是藝術家創作靈感的泉源、是藝術家夢寐以求完美的繆思。當然，她們所代表的也就是每一個時代最具象的「美的化身」。

1 古希臘羅馬時期

西方世界美的化身

從西方美術史可看到早期宗教與神話題材的人物表現，經常是
透過聖母瑪麗亞（Madonna）、仙女女神（Nymph，在希臘
神話中她們是往來於海上、河川山林和泉水之間的美麗女神，
或稱之為仙女）、維納斯（Venus，也就是Aphrodite的羅馬名
稱，她是代表愛與美的女神）等形象，來宣示西方女性美的所
在。而這些宗教與神話的人物，就在經由藝術家巧奪天工、嘔
心瀝血的具象表現下，讓西方世界的民眾得以一睹「完美女性
的樣貌」。所以說，宗教與神話題材中這些「美的化身」，就
成了西方世界代表完美形象的女模特兒。

根據文獻的記載，早在西元前400年的古希臘就已經出現有關
女模特兒的文字，在文字內容中清楚載明：「除了討論到以模
特兒的形體來建立出理想化的標的，並且希望進一步以此作為
藝術家與雕刻家們掌握基本型態的共同依據」。

由畫家約翰・威廉姆・沃特豪斯（John William Waterhouse, 1849 - 1917）在 1896 年所繪製一幅名為「Hylas and the Nymphs」的油畫。藉由藝術家之手，展現出沒於山林水澤之中，一群長相貌美、如夢如幻的仙女，她們是西方美麗形象的化身。

桑德羅・波提切利（Sandro Botticelli, 1445-1510）於 1485 年繪製名為「The Birth of Venus」的蛋彩畫。畫中站立於貝殼之上的維納斯，她是西方完美形象女神的最佳代表。

尚·勞克斯（Jean Raoux, 1677－1734）於 1717 年繪
製一幅名為「Pygmalion adoring his statue」的油畫。畫
中描述古代希臘雕刻大師皮格馬利翁（Pygmalion），
他愛上自己所創造的阿佛洛狄忒（Aphrodite）雕像，
甚至還娶了這尊栩栩如生、美麗至極的雕像為妻。

古希臘名妓芙萊妮（Phryne）

在論及藝術家與模特兒的關係，上古時期的史料文獻上也出現過不少風花雪月的傳說與故事，例如在希臘化時代，曾經為馬其頓的腓力二世（Philip II of Macedon, 前359年-前336年）及其子亞歷山大大帝（Alexander, Alexander III of Macedon, Alexander the Great, 前356年-前323年）擔任宮廷畫師的繪畫大師阿佩萊斯（Apelles of Kos），就以希臘名妓芙萊妮（Phryne，生於西元前371年的她，原名是謬莎雷特「Muesarete」）為模特兒。據說阿佩萊斯的名畫「海中升起的阿佛洛狄忒」（Aphrodite Anadyomene）就是以她作為臨摹的對象。

芙萊妮與藝術家的關係不僅如此，根據古羅馬帝國時期的作家阿特納奧斯（Athenaeus, 前170年-前223年）所稱，她也是普拉克西特利斯（Praxiteles, 前395年-前330年）。希臘西元前4世紀最偉大且最有創造力的雕刻家）之情婦。普拉克西特利斯許多經典的雕像作品，大都是以這位名妓來作為創作的依據，例如在他相當知名的「科尼杜斯的阿佛洛狄忒」（Aphrodite of Cnidus）鉅作，就是以芙萊妮的形象，來表現古希臘神話中擁有最完美的身段和樣貌，且象徵愛情與女性美的阿佛洛狄忒女神。

如此說來，名妓芙萊妮能同時擄獲阿佩萊斯與普拉克西特利斯這兩位藝術大師，讓她成為藝術家們心中阿佛洛狄忒女神化身的共同代表，所以說芙萊妮應堪稱是古希臘時期最具魅力的模特兒了。

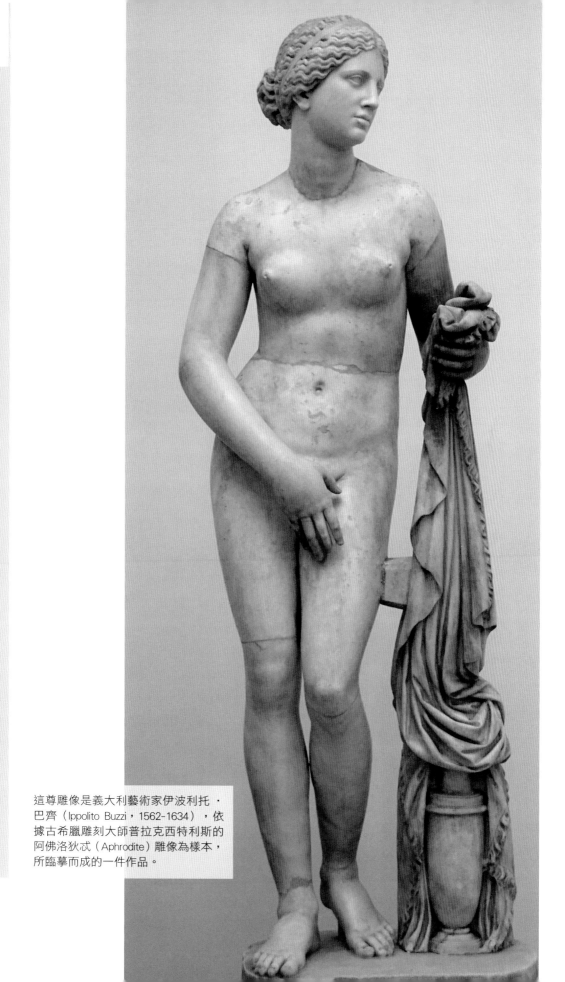

這尊雕像是義大利藝術家伊波利托·
巴齊（Ippolito Buzzi，1562-1634），依
據古希臘雕刻大師普拉克西特利斯的
阿佛洛狄忒（Aphrodite）雕像為樣本，
所臨摹而成的一件作品。

殘缺、組合式的藝術模特兒

說到完美的身段和樣貌，許多人一定會認為，上古時期藝術家挑選模特兒，一定是只考慮到要有完美的外型，做為唯一的條件。其實不然，根據英國藝術史學者弗朗西絲·博爾茲洛（Frances Borzello）在他所論著的《The Artist's Model》一書中，就清楚提到古希臘時期，藝術家們經常從街上找到一些，不是身形過度奇特就是肢體有殘缺的男女，來作為習作臨摹的模特兒。

另外，針對藝術家尋覓理想模特兒的描述，我們也可以在西元1世紀的歷史文學作品中看到實際的紀錄內容。舉例來說，古羅馬時期身兼歷史與文學家的老蒲林尼（Pliny, Gaius Plinius Secundus, 前23年-前79年。世稱「the Elder」）在他整理大量材料編成的藝術史鉅作《博物誌》（Naturalis Historia, 77）一書中，就詳細講述年輕時的希臘藝術家宙克西斯（Zeuxis, 出生於西元前464年），他在以模特兒著稱的克羅托內（Crotona）城鎮，尋找女模特兒的一段故事。宙克西斯原本想要找一位擁有完美理想外型與容貌的模特兒，但始終找不到，最後他想出以組合的方式來解決這個問題。宙克西斯的作法就是他找來五位身體局部各有特色的女性，然後將每一個部分的特徵組合起來，藉此發展出一個盡善盡美的完美形貌。

大約在 1791 年由弗朗索瓦・安德烈・文森特（François-André Vincent, 1746－1816）所繪製的一幅名為「Zeuxis choosing his models for the image of Helen from among the girls of Croton」油畫。畫中描述古希臘藝術家宙克西斯，他找來五位身體局部各有特色的女性，將之組合而成一個完美的女性形貌。

2 文藝復興時期

喬托（Giotto di Bondone）的審美表達

西方美術的發展，到了14世紀由於義大利藝術家喬托・迪・邦多納（Giotto di Bondone，約1267年-1337年）替畫作注入理性及寫實元素，這才擺脫了中世紀僵硬的宗教畫風格。喬托雖然對空間感的掌握較先前的畫家有更好的表現，也更加地逼真，但他對於宗教性人物形體的描繪，卻出現了一種「只重視身分地位，而忽略真實比例」的有趣現象。例如，在一個畫面中，出現巨大的聖嬰（而且還擁有成人般成熟的長相）；又例如，將聖母與周邊人物身材比例，形成極不協調的關係等突兀現象（聖母大、周邊人物小）。當然，喬托的目的，主要是希望藉由誇張的表現來凸顯聖母與聖嬰地位的崇高。但由此也可看出聖母形象完美的定義，從美貌轉移到身軀比例的放大，似乎呼應了「崇高美」的概念。

由喬托・迪・邦多納在 1305-1310 年所完成的一件蛋彩畫。畫中刻意誇大聖母與聖嬰的身形，來凸顯她們崇高的地位。

阿爾貝蒂（Leon Battista Alberti）看待人體繪畫的藝術論點

15世紀的文藝復興時期，義大利的藝術界更用心去關注身體骨幹的結構與比例，例如15世紀身兼人文主義者、詩人、學者、建築師和理論家於一身，並從事數學和製圖學研究，將透視畫法系統化，以及鼓勵藝術家以科學方法來研究透視法與解剖學，強調結構理論的阿爾貝蒂（Leon Battista Alberti, 1404-1472），在他的藝術理論專書《論繪畫》（On Painting, 1435）就清楚載明以下這段文字：「Before dressing a man we first draw him nude, then we enfold him in draperies. So in painting the nude we place first his bones and muscles which we then cover with flesh, so that it is not difficult to understand where each muscle is beneath.」

受此理論的影響，也讓文藝復興時期的藝術家，在人體繪畫時對於身體結構與比例的關係，有了較過往更加重視的體認。

達文西（Leonardo da Vinci）對人體結構的重視

在談到以解剖的方式來瞭解身體內部結構，並從分析中歸納出一套比例關係的藝術家，那就一定要談到達文西（Leonardo da Vinci, 1452-1519），這位多才多藝的藝術家，從1488年後開始研究解剖人體內部器官，我們從他1515年的筆記中可窺知，他至少已經解剖了三十具不同年齡的男、女人體，

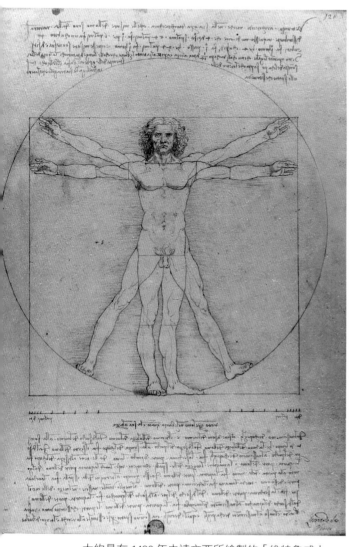

達文西並仔細的將所解剖的結果畫下來作為紀錄。另外，達文西在1490年也依照古羅馬建築師馬爾庫斯‧維特魯威‧波利奧（Marcus Vitruvius Pollio, 約前80年或前70年-約前25年）所留下有關比例的學說，繪製出「維特魯威人」（Vitruvian Man），其所呈現的是一個完美比例關係的人體模特兒圖。後人相信，達文西（Leonardo da Vinci）在藝術史上偉大的成就，都與他用心致力於研究人體結構與分析人體比例關係有必然的關聯。

不論是阿爾貝蒂或是達文西，從他們兩位所側重「以求真的精神來看待世界」之思想與作為，相信這對「以真人模特兒做為藝術創作」的鼓舞，絕對都是深具啟發的。

大約是在 1490 年由達文西所繪製的「維特魯威人」，畫中人體模特兒呈現完美的比例關係。

藝術家與女模特兒的
八卦羅曼史

在文藝復興時期我們也可以看到針對
藝術家與女模特兒交往的記載,其中
最具代表性的內容,就是身兼畫家、
建築師和作家於一身的喬治‧瓦薩里
(Giorgio Vasari, 1511-1574),在其
撰寫的《Lives of the Artists》一書
中,喬治‧瓦薩里除了有系統的陳述
西方藝術的演變之外,他對模特兒也
有所著墨,並藉由敘述故事的方式來
加以評價。該書中,喬治‧瓦薩里講
述義大利壁畫家菲利普‧利皮(Fra
Filippo Lippi, 1406-1469)他放棄
個人的事業而與美麗的女模特兒盧
克雷齊亞(Lucrezia)一起私奔的故
事,整個故事最扣人心弦的地方,
就是盧克雷齊亞規劃出一個逃亡的
路線,從女修道院到與菲利普‧利皮
(Fra Filippo Lippi)私會的描述。

除此之外,喬治‧瓦薩里還曾寫過
有關畫家拉斐爾(Raphael, 1483-
1520)與他的模特兒芙爾娜瑞娜(La
Fornarina)一段膾炙人口的羅曼史。

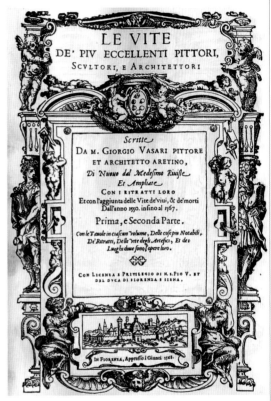

喬治‧瓦薩里(Giorgio Vasari)在 1550 年
出版《Lives of the Artists》一書的封面。

不僅是上述的例子,其實在文藝復興時
期對女模特兒的故事與消息是相當好奇
的,當時甚至還首次出版有關她們一些
緋聞的專書。另外,也有好事者每天在
挖掘市井間的八卦消息,尤其是針對模
特兒與藝術家親密的互動,更是當時茶
餘飯後聊天的主要話題。

拉斐爾在 1518-19 年之間所繪製一幅芙爾娜瑞娜的肖像畫像。

由尚‧奧古斯特‧多米尼克‧英格里斯（Jean Auguste Dominique Ingres, 1780 - 1867）於1814年所繪製名為「Raphael and the Fornarina」的油畫。畫中描述畫家拉斐爾（Raphael）與他的模特兒芙爾娜瑞娜（La Fornarina）兩人有著極為親密的關係。

3 17世紀至
18世紀時期

漂亮模特兒，「她是真的嗎？」

17世紀藝術家在從事有關人體的創作時，多數的藝術家仍習慣以雕像來做為臨摹的對象。對於這種現象，我們也可從義大利畫家兼藝術傳記家喬瓦尼‧巴蒂斯塔‧帕塞（Giovanni Battista Passeri, 1610-1679），根據他當時所蒐集並加以撰寫的資料（該資料在他過世後的1772年才正式被出版成書，書名為《Vite de' pittori, scultori ed architetti, che anno lavorato in Roma : morti dal 1641 fino al 1673》），所記載的一些內容看出一些端倪。其中有一則是關於早期義大利巴洛克派畫家吉多‧雷尼（Guido Reni, 1575-1642）耐人尋味的軼事。該內容寫到這位以神話和宗教題材著稱的古典理想主義者，在被學生問到是從哪裡找到畫中那些漂亮的模特兒時，沒想到吉多‧雷尼指了指自己身邊所收藏的古代人物雕像。

社會名媛是最佳的模特兒

由於受到荷蘭寫實主義風潮崛起的影響，世俗的風俗畫取代了長期以來以宗教題材為主的局面，這也讓17世紀的藝術家更有機會來描繪一些真實的事物，這其中當然也包括真人的模特兒在內。

當17世紀到18世紀以真人擔任模特兒入畫的情形更加盛行時，貴族與上流社會的女性就自然成為最佳的模特兒，在眾多女性當中又以法國國王路易十五（Louis XV, 1710-1774）的兩位情婦最為醒目：一位是龐畢度侯爵夫人（Pompadour, Jeanne-Antoinette Poisson, Marchioness de, 1721-1764），生於巴黎金融投機商家庭的她，在嫁給埃蒂奧爾（Charles-Guillaume Lenormant d' Étioles, 1717-1799）之後，便成為巴黎社交界的紅人，甚至還博得路易十五的青睞，在她與丈夫離異之後，路易十五便封她為「龐畢度侯爵夫人」，並請她擔任私人的秘書。另外一位則是杜巴利伯爵夫人（Barry, Marie-Jeanne Becu, countess, 1743-1793），她是法國國王路易十五最後的一位情婦，1769年4月當她進入宮廷後，很快就成為貴族圈的焦點人物，同時也得到路易十五高度的寵愛。

由弗朗索瓦・布歇（François Boucher, 1703-1770）
在 1756 年為龐畢度侯爵夫人（Pompadour, Jeanne-
Antoinette Poisson, Marchioness de）所畫的肖像畫。
畫中雍容華貴的龐畢度侯爵夫人堪稱是當時最佳
時尚模特兒的代表。

這兩位極為耀眼的名媛，不論是龐畢度侯爵夫人或是杜巴利伯爵夫人，透過藝術家對她們兩人所描繪的一幅幅肖像畫作，讓後人見識到18世紀西方「貴族時尚」的最高極致。

不過，除了有名媛擔當最佳的模特兒之外，在18世紀專業的藝術模特兒也形成制度，並且開始建立她們專業的地位，例如在1752年英國倫敦的皇家學院（Royal Academy）改變他們過去的方式，改採付費的方式來邀請職業的模特兒。過往皇家學院只要付給業餘模特兒每一小時4先令（shillings）的費用，但是職業的模特兒則需要收取超過雙倍以上的價錢。

路易絲・埃里薩貝斯・維吉・勒布倫（Louise Élisabeth Vigée Le Brun, 1755-1842）在 1781 年為杜巴利伯爵夫人所完成的一幅肖像畫。杜巴利伯爵夫人是 18 世紀上流社會中最具代表的時尚名媛之一。

喬治・羅姆尼（George Romney）
的親密繆思

由於男性藝術家與女性模特兒之間為了創作藝術的需求，
所以彼此（尤其在私底下）有了更進一步親近的接觸。對
於這種微妙的男女關係，社會輿論很自然也就出現一些八
卦及耳語。其中最為人傳頌的就是英國肖像畫家喬治・羅
姆尼（George Romney, 1734-1802）與艾瑪・漢密爾頓
（Emma Hamilton, 1782-1815）兩人的關係。

當1782年喬治・羅姆尼與艾瑪・漢密爾頓認識之後，艾
瑪・漢密爾頓就了成喬治・羅姆尼藝術的繆思。喬治・羅
姆尼並以艾瑪・漢密爾頓為模特兒，陸續創作超過60幅
的繪畫作品，在這有些作品中艾瑪・漢密爾頓還扮演歷史
或神話人物。對於這種現象，英國諷刺漫畫家湯馬仕・
蘭森（Thomas Rowlandson, 1756-1827）就以一幅名為
「Lady Hamilton's Attitudes」的漫畫，嘲諷他們兩人的
親密關係，已經到了匪夷所思的地步。

大約是在 1790 年至 19 世紀初，由英國諷刺漫畫家湯馬仕 · 蘭森（Thomas Rowlandson），針對畫家喬治 · 羅姆尼（George Romney）與模特兒艾瑪 · 漢密爾頓（Emma Hamilton）兩人親密的關係，所繪製的一幅嘲諷漫畫。

喬治 · 羅姆尼在 1782 年以艾瑪 · 漢密爾頓為模特兒所完成的油畫。

4 19世紀時期

寫實主義畫家庫爾培（Gustave Courbet）背後的裸體女模特兒

在19世紀為了滿足一般人對模特兒的好奇，也因此出現一些以藝術家與模特兒為故事情節的小說，其中最具代表就是英國漫畫家、作家杜喬治‧路易‧帕爾密拉‧布松‧杜莫里哀（George Louis Palmella Busson Du Maurier, 1834-1896），所撰寫的知名小說《軟氈帽》（Trilby），在書中就描寫一位任性且難以捉摸的模特兒特里比‧奧‧費拉爾（Tilby O'Ferrall），捲入到一位才華洋溢的男性藝術家的生活圈，兩人並發展出一段纏綿悱惻的故事，由於書中出現這個橋段，而讓該書成為當時最叫座的書籍之一，甚至還引發社會熱切的討論。

知名小說《軟氈帽》（Trilby）在 1895 年出版時的封面。

除了文壇界之外，當時畫壇界也經常拿藝術家與模特兒彼此
之間的關係，以漫畫方式大肆批評一番，甚至還刻意加以醜
化。例如19世紀中期法國寫實主義畫派大師居斯塔夫·庫爾
培（Gustave Courbet, 1819-1877），就被漫畫家查爾斯·
瑪麗·德·薩克斯（Charles-Marie de Sarcus, 1821-1867）
藉由一幅漫畫來嘲諷以寫實主義著稱的居斯塔夫·庫爾培，
他所繪製一幅充滿「隱喻」（非寫實）的巨幅油畫──「畫
室」（L'Atelier du peintre, 1855），畫中居斯塔夫·庫爾培
本人的背後，居然還站著一位裸體女模特兒，畫面是如此的
「不真實」。

居斯塔夫·庫爾培（Gustave Courbet）在 1855 年以「畫室」（L'Atelier du peintre）為名的一幅油畫。

漫畫家查爾斯 · 瑪麗 · 德 · 薩克斯
（Charles-Marie de Sarcus）在 1855 年
繪製一幅漫畫來嘲諷寫實主義大師居
斯塔夫 · 庫爾培（Gustave Courbe）
的「寫實」。

亨利・德・土魯斯-羅特列克
（Henri de Toulouse-Lautrec）
的紅磨坊女伶

當時藝術家對所臨摹的模特兒出現交往甚密，以及產生愛慕之情的軼事，也是多有傳聞。活躍在19世紀後期的法國籍畫家亨利・德・土魯斯-羅特列克（Henri de Toulouse-Lautrec, 1864-1901）就是其中的代表，從他1890年代一連串的石版畫中，我們除了看到他以率直嘲諷、大膽不羈的筆觸，表現出個人相當獨特的風格之外，在他畫作中經常入畫的幾位女伶，如拉・古留（La Goulue, 1866-1929。原名為Louise Weber）也與亨利・德・土魯斯-羅特列克有過非常親密的交往。另外，與多位藝術家都有密切往來的紅磨坊女伶珍妮・阿佛麗兒（Jane Avril, 1868-1943），也是亨利・德・土魯斯-羅特列克相當欣賞與心儀的模特兒。

1892 年亨利・德・土魯斯-羅特列克（Henri de Toulouse-Lautrec）的畫作。畫中的女子是亨利・德・土魯斯-羅特列克最為欣賞的模特兒珍妮・阿佛麗兒（Jane Avril）。

亨利・德・土魯斯-羅特列克（Henri de Toulouse-Lautrec）1892 年的作品，
畫中他將紅磨坊女伶拉・古留（La Goulue）入畫。

愛德華・馬内（Edouard Manet）與維多利安-路易絲・莫涵（Victorine-Louise Meurent）

在19世紀藝壇界，也出現因為畫作的模特兒而招來嚴厲批評的情事，這其中最具代表的例子就是愛德華・馬内（Edouard Manet, 1832-1883）。在他「草地上的午餐」（Dejeuner Sur L'Herbe, 1863）的這件畫作中，愛德華・馬内找來擁有紅色頭髮、牛奶般肌膚的交際花維多利安——路易絲・莫涵（Victorine-Louise Meurent, 1844-1927）擔當畫作的模特兒，在這件畫作中以裸體方式坐在兩位衣冠楚楚男士之間的女子就是她，而此畫公開之後馬上引來法國保守人士的強烈抗議，這也讓愛德華・馬内背負醜名與罵聲。其實維多利安-路易絲・莫涵不僅出現在這件作品，她也同樣出現在馬内另一件名為「奧林匹亞」（Olympia, 1863）的作品中，維多利安-路易絲・莫涵赤裸挑逗的舉動，同樣引來非議，甚至還被保守人士視為是一件極為猥褻的作品。

由馬內（Edouard Manet）在 1863 年
所完成的油畫，「草地上的午餐」
（Dejeuner Sur L'Herbe）。

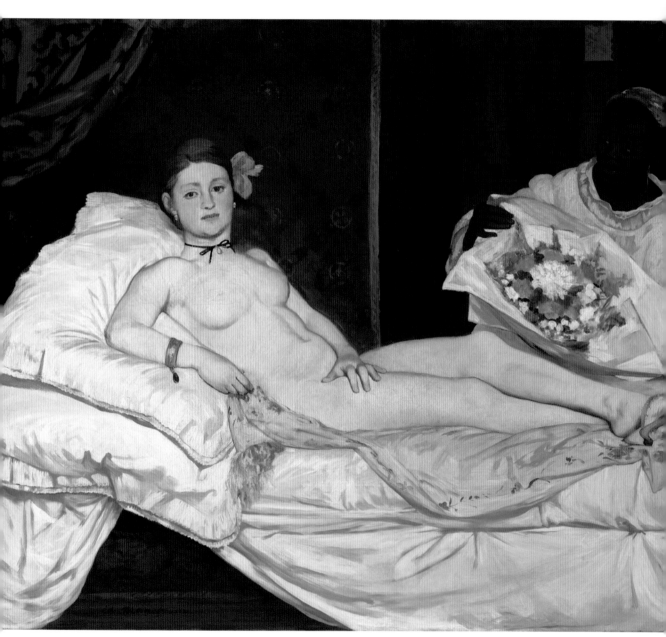

1863 年由愛德華 • 馬內所完成名為「Olympia」的油畫。畫中躺臥的維多利安 – 路易絲・莫涵就
是愛德華 • 馬內最心儀的模特兒。

前拉斐爾派的最佳代言人

說起藝壇界模特兒的婚姻，在當時19世紀最令大家熟知的案例有兩則：

其一則，擁有陶瓷般皮膚與紅色頭髮的模特兒伊莉莎白·席達爾（Elizabeth Siddal, 1829-1862），她於1860年嫁給英國畫家、詩人但丁·加布里埃爾·羅塞蒂（Dante Gabriel Rossetti, 1828-1882）。不過在1862年伊莉莎白·席達爾因服食過量鴉片而去世，但丁·加布里埃爾·羅塞蒂於悲痛中，把自己唯一完整的詩集手稿陪葬在愛妻的墓中。

另一則，外型長相十分出色的模特兒珍妮·莫利斯（Jane Morris, 1839-1914），她與伊莉莎白·席達爾兩人都是前拉斐爾派藝術家們最為欣賞的模特兒。1859年珍妮·莫利斯嫁給鼎鼎大名的「美術工藝運動」（The Arts and Crafts Movement）創始人威廉·莫里斯（William Morris, 1834-1896），雖然這段才子佳人婚姻曾博得許多人的祝福，但在但丁·加布里埃爾·羅塞蒂妻子離世之後，捲入他們兩人的婚姻中，這也讓曾為人稱頌的一段佳話變了調。

由但丁‧加布里埃爾‧羅塞蒂（Dante Gabriel Rossetti）在 1860 年以伊莉莎白‧席達爾
（Elizabeth Siddal）為模特兒所完成的一幅畫像。

一幅由但丁・加布里埃爾・羅塞蒂，
在 1880 年 以「The Day Dream」為
名所繪製的油畫。畫作人物就是以
珍妮 ・ 莫利斯（Jane Morris）做為
臨摹模特兒。

模特兒蘇珊娜・瓦拉東（Suzanne Valadon）的轉行

在19世紀模特兒轉換角色而搖身一變成為藝術家，這種情形在當時也是時有所聞，其中最具代表的就是蘇珊娜・瓦拉東（Suzanne Valadon, 1865-1938），原名馬里-克萊門廷・瓦拉東（Marie-Clementine Valadon）的她，在1880年代初成為多位藝術家，例如有德夏旺内（Pierre Puvis de Chavannes, 1824-1898）、土魯斯・羅特列克（Henri de Toulouse-Lautrec, 1864-1901）和皮埃爾・奧古斯特・雷諾瓦（Pierre-Auguste Renoir, 1841-1919 ）等人的模特兒。當蘇珊娜・瓦拉東在擔任模特兒時，她一面細心觀察那些藝術家作畫，另一面自己也開始學習繪畫技法。大約是在1890年她與艾德加・竇加（Edgar Degas, 1934-1917）相識成為朋友，竇加讚美並且購買她的作品，這項鼓勵讓她立志投入藝術創作的行列。蘇珊娜・瓦拉東敏銳的觀察，大膽的線條和構圖，加上不侷限特定的風格，讓她的作品博得許多人的讚賞，而值得一提的是，她的兒子尤特里羅（Maurice Utrillo, 1883-1955）也是一名知名的風景畫家，這對母子檔的畫家，又為畫壇界添增一筆美談。

蘇珊娜・瓦拉東（Suzanne Valadon）的自畫像。

由皮埃爾・奧古斯特・雷諾瓦
（Pierre-Auguste Renoir）在 1883
年所完成的一幅油畫。畫中翩翩
起舞的女子就是蘇珊娜・瓦拉
東（Suzanne Valadon）。

第二篇

時尚模特兒的推手——
時尚攝影師

如果沒有時尚攝影師的加持，那模特兒必將是黯淡無光，就如同是朵凋謝枯萎的玫瑰；一位傑出的時尚攝影師，能將平面影像的模特兒，賦予靈魂而讓她甦醒；經由時尚攝影的鏡頭加上模特兒生動的展現，讓一幅幅時尚的畫面勾勒出時尚的軌跡。

1 1910年代

時尚攝影發展之前的歷史點滴

說起攝影史發展的根源，我們可以將時間往前提早到16世紀，
當時由阿爾布雷希特‧杜勒（Albrecht Dürer, 1471-1528）所
出版的《Four Books on Measurement》，其內容被視為是
攝影術觀念發軔的起始點。在歷經三百年之後的1839年8月19
日，這一天法國科學院將銀版攝影技術正式公諸於世，並且由
法國政府買下銀版攝影技術的專利，提供給民眾公開使用，而
歷史上的這一天，就將它命名為「攝影誕生日」。

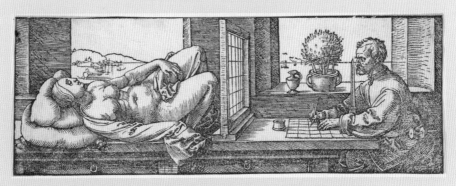

一幅出現在阿爾布雷希特‧杜勒（Albrecht Dürer）於 1525 年所出版的
《Four Books on Measurement》鉅作中的木刻版畫。

若想要進一步論及最早的「時裝攝影」，那我們就必須先認識一下當時最關鍵的三位攝影師，分別是皮埃爾‧路易斯‧皮爾遜（Pierre-Louis Pierson, 1822-1913）；以及列奧波爾德‧歐內斯特‧梅耶（Léopold-Ernest Mayer, 1822-1895）和路易斯‧弗雷德里克‧梅耶（Louis-Frédéric Mayer, d. 1913）的這兩位兄弟。

早在1844年皮埃爾‧路易斯‧皮爾遜就開始在巴黎經營一家生產手工彩色銀版的工作室。就在梅耶兄弟被拿破崙三世（Napoleon III, 1808-1873）欽點為「皇家御用攝影師」（Photographers of His Majesty the Emperor）的隔年（1855年），他們三人一起成為合作伙伴，並開始以 "Mayer et Pierson" 的名義，聯合發表攝影作品。在他們拍攝眾多的人像裡，其中最為突出的女性就是法國伯爵夫人卡斯蒂尼奧那（Virginia Oldoini Contessa di Castiglione, 1837-1899）。

1856年卡斯蒂尼奧那伯爵夫人在與皮爾遜首度晤面之後，皮爾遜便開始為她長期的拍照，從1856年到1895年這一拍就是40年。在多達450多幅的攝影作品裡，其中有288張卡斯蒂尼奧那伯爵夫人（Virginia Oldoini Contessa di Castiglione）穿著華麗長袍的系列沙龍照最引人關注，因為這些攝影作品不僅為時尚攝影的歷史開創出劃時代的先河，卡斯蒂尼奧那伯爵夫人更順理成章成為「時尚攝影模特兒」的先驅者。

1865 年卡斯蒂尼奧那伯爵夫人（Virginia
Oldoini Contessa di Castiglione）的一張沙龍
照。照片由皮埃爾・路易斯・皮爾遜
（Pierre-Louis Pierson）所拍攝。

由皮埃爾・路易斯・皮爾遜（Pierre-Louis Pierson）在 1863 年所拍攝卡斯蒂尼奧那伯爵
夫人（Virginia Oldoini Contessa di Castiglione）的沙龍照。她被視為是最早的時尚攝影模特兒。

攝影與商業的結合，雖然早在19世紀後期就已形成，然而「時尚攝影模特兒」出現在時尚雜誌，則要遲至20世紀初期才算有了具體的型態（19世紀的時尚雜誌封面，是以時尚插畫為主），不過當這種型態一旦被建立之後，很快的，在往後的歲月裡，人們透過時尚攝影師的鏡頭與模特兒的合作，那一幅幅不朽的時尚影像紀錄，就讓世人清楚又真實的見證到，每個時代當下的流行現象與軌跡之所在。

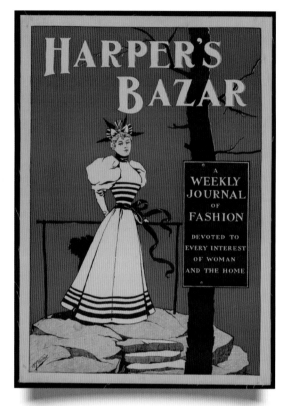

1895 年《Harper's bazar》雜誌的封面。雖然當時攝影技術早已出現，但一般時尚雜誌的封面都還是以時尚插畫為主。

在 1894 年出現以照片方式見證當時的流行時尚。照片為美國紐約女子奧麗薇 · 格雷夫（Olive Graef, 1869-1945）。

時尚畫面以攝影取代繪畫的開端

20世紀初期時尚攝影的主流風格，主要是依循時裝畫的美學觀，其實這種美學觀，說穿了就是「把時尚攝影作品盡量表現得像是一幅畫」。不過這種把時尚攝影作品表現成一幅畫的理念，在經歷第一次世界大戰之後便有了轉變。分析造成這種轉變的主因有二：其一是，因為戰爭的經歷使得人們更加體認到照相機在記錄時所具有那種獨特性，以及戰爭時照片所呈現出來的那種真實的震撼性，這些都是繪畫作品所望塵莫及的；其二是，當時攝影器材性能的大幅提升，而且照片品質又獲得新的改善。

由於這些因素的改變，讓當時的服裝設計師察覺到，運用攝影的方式能更加精準、寫實地表現出服飾的優點。於是一方面開始捨棄手繪方式的服裝畫，轉而改採攝影的方式來呈現個人的設計風貌；另一方面也不再要求時尚攝影作品，必須表現得像是一幅夢幻的畫作，而是讓時尚攝影師盡情發揮攝影的特長。

1917 年 5 月的《Vogue》雜誌封面。在 20 世紀初期，時尚雜誌的封面仍以時尚插畫的表現為主流。該插畫為喬治・勒帕佩（Georges Lepape，1887-1971）的作品。

首位專職的時尚攝影師阿道夫‧德‧梅耶爾
（Baron Adolph de Meyer）

說起時尚攝影發展的歷史，男爵阿道夫‧德‧梅耶爾（Baron Adolph de Meyer, 1868-1946）被視為是時尚攝影這門專業技術的開山始祖。出生於巴黎的阿道夫‧德‧梅耶爾，在1913年接受《Vogue》雜誌創辦人康德‧蒙特羅斯‧納斯特（Condé Montrose Nast, 1873-1942）的邀請，開始擔任該雜誌的首位專職攝影師，而他也是第一位建立這項制度的時尚攝影師。只不過當時阿道夫‧德‧梅耶爾的待遇每週只領取固定的100元美金。

我們從阿道夫‧德‧梅耶爾（Baron Adolph de Meyer）一系列出現在1910年代《Vogue》雜誌的攝影作品，可以清楚看到鏡頭下的模特兒，普遍都流露出高貴與優雅的神情，而這也奠定了二十世紀初期，時尚模特兒在詮釋時尚時所表現的基本原則——「高貴典雅、氣宇出眾」的美學觀。

大約是在 1900 年由阿道夫‧德‧梅耶爾所拍攝的人像照。

2 1920年代

康德‧蒙特羅斯‧納斯特
（Condé Montrose Nast）的影響

1920年代的時尚雜誌，雖然是處在「時裝插畫」與「時尚攝影」相互並存的時代，不過「時尚畫家」與「時尚攝影師」的人口比例卻是相當的懸殊，形成「時裝插畫家」多，「時尚攝影師」少的局面（當時在紐約大約就有6,000名的時裝插畫家，巴黎也有4,000名之多），雖說時尚雜誌版面由龐大勢力的服裝插畫界在主導，但當時已有時尚雜誌的經營者，開始暗中轉向積極培養一批固定班底的時尚攝影師，蓄勢待發，尤其是《Vogue》雜誌負責人康德‧蒙特羅斯‧納斯特（Condé Montrose Nast）更是大力的在暗地裡運作推動，因為他希望能以較為寫實逼真的攝影照片，來取代時裝畫那種過度唯美又不真實的虛幻感。

康德‧蒙特羅斯‧納斯特回憶當年他作此決定的心情有一段告白：「當時批評我的人沒有瞭解，我是為了《Vogue》雜誌的使命，那就是要為了成千上百位對時尚感興趣的婦女來服務，她們想看到的是模特兒真實的呈現，而不是一種只有藝術性的外表形式」。由於時尚雜誌界的這種轉變，有效地鼓舞了時尚攝影師們，讓他們更加努力去探索與實驗，試圖找尋到屬於時尚攝影的本質，擺脫附庸在繪畫底下的那種時尚。

時尚攝影師阿道夫・德・梅耶爾
（Baron Adolph de Meyer）受挫

阿道夫・德・梅耶爾（Baron Adolph de Meyer）在1922年同時擔任
《Vogue》與《Harper's Bazaar》兩家女性時尚雜誌的攝影工作，是當時
時尚攝影界最具份量，響叮噹的頭號人物。不過，所謂「時勢比人強」，
由於1920年代受到新時代女性意識抬頭的影響，女性時尚的形象也因而
出現重大的轉折，「簡單、俐落、帥氣」的風格成為了新的主流。受困於
時代潮流發展的巨變，這也讓以表現浪漫女性美著稱的阿道夫・德・梅耶
爾，遭逢相當大的衝擊，著實重挫他在時尚攝影界霸主的地位。

這張由阿道夫・德・梅耶爾（Baron Adolph de Meyer）所拍攝的時尚
照。模特兒是美國百老匯舞台女演員同時也是默片影星的珍妮・埃格斯
（Jeanne Eagels, 1890-1929），她在1921年穿著巴黎時裝設計師露易絲・
雀魯特（Louise Chéruit, 1866-1955）所設計的女裝。

塞西爾・沃爾特・哈迪・比頓
（Cecil Walter Hardy Beaton）的崛起

正所謂「有人下台也必然有人會上台」，繼阿道夫・德・梅耶爾之後，在1920年代崛起了四位時尚攝影師新秀，分別是塞西爾・沃爾特・哈迪・比頓（Cecil Walter Hardy Beaton, 1904-1980）、愛德華・吉恩・史泰欽（Edward Jean Steichen, 1879-1973）、喬治・霍伊寧根・華內（George Hoyningen-Huene, 1900-1968）和曼・雷（Man Ray, 1890-1976）。

出生於1904年倫敦的時尚攝影師塞西爾・沃爾特・哈迪・比頓，在他11歲時獲得第一架相機，之後便開始學習拍照。在1920年比頓 成為《Vanity Fair》和《Vogue》雜誌的專職攝影師，他所拍出的照片不論是高尚優雅、或是奇特古怪、或是異國風味，都是相當別緻，特別是為時尚的詮釋開創出多變的樣貌。

第二次世界大戰時人出現在中國大陸的塞西爾・沃爾特・哈迪・比頓（Cecil Walter Hardy Beaton）。

時尚攝影界的一代宗師愛德華・吉恩・史泰欽（Edward Jean Steichen）

由史泰欽（Edward Jean Steichen）在 1921 年為舞者所拍攝的一張既生動又夢幻照片。

在1879年出生盧森堡的史泰欽（Edward Jean Steichen），於1882年移居至美國。這位美國攝影界的先驅，他在1902年與阿爾弗雷德・施蒂格利茨（Alfred Stieglitz, 1864-1946）等12人組成「攝影分離派團體」（Photo-Seccession Group），當時這個團體成立的宗旨，就是希望能將攝影歸類在藝術的領域，進而成為其中的一個項目，該團體還在1905年設立了「291藝廊」，經過不斷爭取，最後總算順利讓攝影提升為一門獨立的藝術。史泰欽在第一次世界大戰之後的1920年代，同時擔任《Vogue》與《Vanity Fair》兩份雜誌的首席攝影師，此時他的攝影轉以清晰與寫實的手法呈現出畫面「乾淨」的美感。《Vogue》雜誌創辦人納斯特（Condé Montrose Nast）就曾比較梅耶爾與史泰欽這兩位時尚攝影師的差別，他說：「在梅耶爾照片裡他把每位女性都拍出像是個模特兒。但史泰欽卻是把每位模特兒拍出來像是個女人。」這真是一語道破兩位攝影師的差異。

愛德華・吉恩・史泰欽
（Edward Jean Steichen）的繆思

一提到史泰欽（Edward Jean Steichen）時也必然會連帶提到他攝影世界的繆思，那就是模特兒馬里昂・莫爾豪斯（Marion Morehouse, 1906-1969），這一位被史泰欽稱為「我所拍攝過最偉大的時裝模特」（"the greatest fashion model I ever shot"），根據史泰欽對她的描述：「其實莫爾豪斯她對穿著比我還沒有興趣，但當她穿上衣服準備拍照，卻能瞬間轉換她自己，把服裝的感覺穿出來。」時尚攝影師史泰欽藉由這位「留著男生般帥氣的短髮，擁有挺直伸長的脖子，以及輕盈修長的體態」的美國模特兒，透過照相機的鏡頭，為時尚界開拓出嶄新的時尚形象。馬里昂・莫爾豪斯是時尚界以高䠷修長的身材進入模特兒圈的第一位，而這種體態美的開創，也為往後如1950年代的芭芭拉・高倫（Barbara Goalen）、1960年代的崔姬（Twiggy）；以及1970年代的勞倫・赫頓（Lauren Hutton）等人，提供了她們之所以能順利出道的理由（她們都是以「瘦高的身材比例」進入模特兒圈）。

脫穎而出的喬治‧霍伊寧根‧華內
（George Hoyningen-Huene）

出生於波羅的海地區的喬治‧霍伊寧根‧華內（George Hoyningen-Huene），他曾擔任愛德華‧吉恩‧史泰欽（Edward Jean Steichen）的助手，不過很快的，到了1920年代他也能在時尚攝影界獨當一面，1925年喬治‧霍伊寧根‧華內更躍升成為法國版《Vogue》的攝影主管，成為少數能橫跨不同高級女裝訂作店的時尚攝影師。而眾所周知服裝設計師可可‧香奈兒（CoCo Chanel）最為珍視的模特兒托托‧庫普曼（Toto Koopman, 1908-1991），她許多膾炙人口的時尚照，就是出自於喬治‧霍伊寧根‧華內的拍攝作品。

開拓超現實時尚美學的曼‧雷（Man Ray）

「我畫我無法拍的畫作；我拍出我無法畫出的照片」，這句經典名言就是出自同時擁有藝術家以及攝影師雙重身份的曼‧雷（Man Ray）。曼‧雷他最被大家津津樂道的知名藝術品就是於1921年在一個熨斗底部黏上一排大頭釘，取名叫《禮物》（Le Cadeau）的「現成物」作品。曼‧雷在藝術所持的達達主義與超現實主義風格，都是他在時尚攝影美學中所表現的一項特色，這也使得他在《Harper's Bazaar》以及其他時尚雜誌的時尚攝影時，較其他時尚攝影師多了一份實驗性與開創性。在曼‧雷的時尚攝影作品中，我們經常可以看到他運用超現實主義的想法，將模特兒呈現出一種「無表情、空靈、茫然」的神情，並且以過度曝光的方式來展現一種「疾病、罪惡、傷

害」的形象；以及營造出「怪誕、可怕、奇異」的氣氛，而這種「恐怖詭異美學」擺脫過往長期以來的浪漫唯美，讓時尚流行風格步向更具實驗性的前衛風貌。

在曼‧雷眾多攝影作品裡，其中又以1924年所發表的「安格爾的小提琴」（Le Violon d'Ingres）最具代表，在這件攝影作品中，我們看到曼‧雷讓女模特兒的身體成為一把提琴造型，充分展現超現實主義的風格，將時尚超現實美學發揮到極致。而這件攝影作品中的女主角，就是在1920年代初期，擔任他的助手也是他最心愛的情人，有「蒙帕納斯女王」（Queen of Montparnasse）封號的法國知名模特兒吉吉‧蒙帕納斯（KiKi de Montparnasse, 1901-1953）。曼‧雷的攝影作品出現大量吉吉‧蒙帕納斯的身影，可說是對她愛慕有加，只不過這位愛作白日夢的金髮模特兒，她也同時擁有許多親密愛人。

以達達主義與超現實主義為創作風格的攝影大師曼‧雷（Man Ray）。

1920年代法國知名模特兒吉吉‧蒙帕納斯（KiKi de Montparnasse）。

3 1930年代

時尚攝影主導時尚影像的時代正式來臨了

1920年代許多時尚雜誌紛紛減少時裝插畫在版面上的比重，尤其是以時裝插畫為口碑的法國知名時尚刊物《Gazette du Bon Ton》（法國時尚雜誌公報），在1925年結束了14年的出版生命，這更讓時裝插畫的勢力遭逢嚴重的打擊。順著這種情勢的發展，到了1930年代後期，時尚雜誌版面幾乎完全被時尚攝影所取代，這也意味著，時尚攝影主導時尚影像的時代正式來臨，而曾居於掌控時尚版面的時裝插畫則瞬間沒落，黯然退出時尚版面的舞台。

1922 年法國時尚雜誌《La Gazette du Bon Ton》，內頁中一幅由喬治‧巴比爾（George Barbier, 1882-1932）所繪的時尚插畫。

喬治‧霍伊寧根‧華內
（George Hoyningen-Huene）主導新形象

在1920年代時尚攝影師愛德華‧吉恩‧史泰欽（Edward Jean Steichen）為女性建立出「現代俐落」的形象，但在1930年代時尚攝影師喬治‧霍伊寧根‧華內（George Hoyningen-Huene）則是為這個時代女性建立出「古典冶豔」的新形象。

此時模特兒在喬治‧霍伊寧根‧華內的主導之下，竭盡所能展現屬於1930年代女性高雅與沉著的時尚形象。喬治‧霍伊寧根‧華內成功建立這套攝影美學，並成為當時時尚攝影圈許多時尚攝影師爭相模仿學習的風格，這也因而帶動了當時時尚視覺潮流的走向。

霍斯特‧P‧霍斯特（Horst P. Horst）
的崛起

在1930年代又有新崛起的時尚攝影師，其中最具代表的有霍斯特‧保羅‧阿爾伯特‧博爾曼（Horst Paul Albert Bohrmann, 1906-1999），他也就是大家所熟知的霍斯特‧P‧霍斯特（Horst P. Horst）；以及馬丁‧蒙卡西（Martin Munkácsi, 1896-1963）這兩位。

法國著名的歌舞巨星蘇茜 · 索利多爾（Suzy Solidor）。她是霍斯特 · P · 霍斯特（Horst P, Horst）最為欣賞的模特兒。

霍斯特 · P · 霍斯特曾擔任喬治 · 霍伊寧根 · 華內的助手，原本他的風格是以非常簡潔的方式來呈現模特兒的古典形象，但是他在受到超現實主義的影響之後，攝影作品中的模特兒形象就有了大幅的改變，尤其是出現一些奇特、怪異的肢體動作。在多位模特兒中，其中法國著名的歌舞巨星蘇茜 · 索利多爾（Suzy Solidor, 1900-1983）是霍斯特 · P · 霍斯特（Horst P. Horst）這個時期最為欣賞的一位。

體育攝影師馬丁 · 蒙卡西（Martin Munkácsi）擔任時尚攝影師

1932年卡梅爾 · 斯諾（Carmel Snow, 1887-1961）在擔任《Harper's Bazaar》的編輯時（她後來在1934年到1958年擔任該雜誌的總編輯），為了因應當時游泳、高爾夫、潛水、跳水成為流行時尚的代表活動的情況，她在1932年聘僱了匈牙利籍的體育攝

影師馬丁‧蒙卡西（Martin Munkácsi）擔任時尚攝影師，透過馬丁‧蒙卡西的巧思讓時尚雜誌裡的模特兒與運動產生一種新的連結，如此一來，模特兒不再像過去那樣靜止與呆板，當然這也為時尚攝影的表現帶來革命性的大轉變。

時尚攝影師馬丁‧蒙卡西最為欣賞的模特兒是露西爾‧布羅考（Lucile Brokaw, 1915-1984），其中一幅1933年由他拍攝露西爾‧布羅考在海邊沙灘奔跑的時尚攝影作品，這個作品更被視為是宣告「時尚美感」由過往的「靜態」轉變為「動態」的經典代表。

「女性時尚攝影師先驅」路易絲‧達爾-沃爾夫（Louise Dahl-Wolfe）

1930年代當然還有一項非常重要的發展，那就是女性攝影師進入這行業並且展現驚人的成就。在過往一直都由男性獨霸的時尚攝影界，到了這個年代女性也能與男性一樣大展身手，而且沒想到她們在這行業中不僅嶄露頭角，甚至還表現得極為出色。

在多位女性時尚攝影師中，首先要談的是素有「女性時尚攝影師先驅」之稱的路易絲‧達爾-沃爾夫（Louise Dahl-Wolfe, 1895-1989）。從1935年到1958年路易絲‧達爾-沃爾夫為《Harper's Bazaar》擔任專職的攝影師工作，

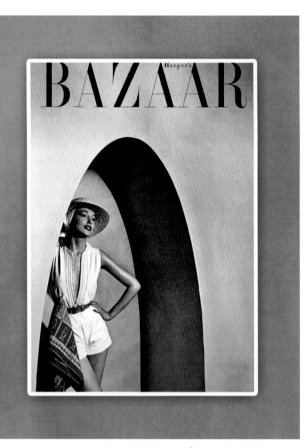

1950 年 6 月份《Harper's Bazaa》雜誌。
封面出自路易絲‧達爾-沃爾夫（Louise
Dahl-Wolfe）所拍攝的攝影作品。

在這22年期間路易絲‧達爾-沃爾夫（Louise Dahl-Wolfe）共為該雜誌貢獻了86個封面，以及600多組的內頁故事和超過2,000張的照片。她特別喜歡將取景地點從室內的攝影棚移到戶外，藉由自然光的魅力來突顯舒適、休閒、自在的時尚感。從路易絲‧達爾-沃爾夫的攝影作品讓我們強烈感受，她透過模特兒所展現「戶外、健康、自主」形象的詞彙，並經由自己的女性身份及觀點為現代女性的「獨立、自覺、個性」激盪出一股震撼人心的撼動。

毫無疑問，到了1930年代時尚照片對當時的流行影響是重大而且是關鍵的。此時透過時尚攝影師的巧手，讓平凡無奇、沒沒無聞的女性，瞬間變成時尚界最為完美的女性，而那一幅幅被印製出來的時尚影像，經由傳播媒介的傳送，讓時尚模特兒成為大眾所關注、羨慕的焦點人物。

4 1940年代

戰爭時代的新影像美學

在第二次世界大戰期間，時尚攝影師塞西爾‧沃爾特‧哈迪‧比頓（Cecil Walter Hardy Beaton）繼續他的時尚攝影工作；霍斯特‧保羅‧阿爾伯特‧博爾曼（Horst Paul Albert Bohrmann）被徵召成為軍人；喬治‧霍伊寧根‧華內（George Hoyningen-Huene）則移居到紐約。

在戰時，時尚雜誌和高級女裝設計師，以「健康、積極、實用、陽剛」，來取代「奢華、浪漫、裝飾、柔美」的形象。時尚攝影師也配合戰時的現況，表現出簡單、俐落的畫面，當時時尚雜誌的時尚攝影照，不僅帶來較過去更強烈的政治性與批判性，對於輕浮、奢侈、消極的形象也盡量排除，可說相當程度扮演戰時宣傳的角色。

戰爭時期活躍的時尚攝影師除了有諾曼·帕金森（Norman Parkinson, 1913-1990）之外，還有兩位深受矚目的女性攝影師，分別是托尼·弗里塞爾（（Toni Frissell, 1907-1988）以及李·米勒（Lee Miller, 1907-1977）。這三位時尚攝影師，他們有許多時尚攝影作品出現在戰爭時期的《Vogue》雜誌中，這些代表戰爭時期的時尚影像，重新定義了「人的生存與時尚意義的關係」，為「戰爭影像美學」開拓了新的視野。

1958 年 9 月份英國版的《Vogue》雜誌，由諾曼·帕金森（Norman Parkinson）所拍攝。封面的模特兒是娜娜（Nena von Schlebrügge, 1941-），她的女兒鄔瑪·舒曼（Uma Thurman, 1970-）也是一名知名的模特兒。

美國知名女攝影師托尼·弗里塞爾（Toni Frissell）的照片。大約是 1935 年所拍攝。

在第二次世界大戰擔任戰地記者的李·米勒（Lee Miller）。照片的日期為 1943 年。

時尚攝影大師歐文‧佩恩（Irving Penn）的崛起

在二次世界大戰結束之後的1940年代，出生於1917年的美國時尚攝影師歐文‧佩恩（Irving Penn, 1917-2009）開始活躍於時尚攝影界，他在26歲時曾經擔任過《Vogue》雜誌封面的設計，不過很快的，歐文‧佩恩轉而朝向時尚攝影發展。在1943年《Vogue》的美術指導亞歷山大‧利伯曼（Alexander Liberman, 1912-1999）聘他擔任專職的攝影師，他以大膽的構圖和鮮明的反差為特色，突顯出模特兒的性格，藉由這種攝影手法讓他成功立足於時尚攝影的競爭舞台。

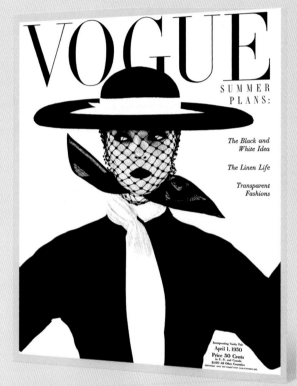

1950 年 4 月份《Vogue》雜誌的封面。該黑白攝影作品是由歐文 ‧ 佩恩（Irving Penn）所拍攝。從 1943 年至 2004 年之間歐文 ‧ 佩恩為該雜誌貢獻了 165 幅的封面照。

5 1950年代

「模特兒」行業更趨於專業

「模特兒」這個行業到了1950年代更加受到重視，模特兒的
工作也被社會大眾認可，並視其為一項專門的行業。當一個
行業趨向於專業化的方向發展，它就必然會出現更加細膩的類
別，以「時尚模特兒」為例，就出現「走秀模特兒」（Catwalk
model）和「攝影模特兒」（Photographic modelling）這兩種
不同的類型。「走秀模特兒」的臉蛋並不需要太漂亮，但身材
一定要瘦高、走路也要有型；至於「攝影模特兒」則必須要有
一雙大眼睛、皮膚講求光滑細嫩，當然姣好的五官更是不可或
缺的。

時尚舞台的五大天后

此時知名的模特兒人數眾多，其中享有高知名度的時尚模特兒有以下五位最具代表：

1. 蘇齊·帕克（Suzy Parker, 1932-2003）。活躍於戰後1940年代到1960年代初期的她，個人模特生涯的高峰出現在1950年代，當時她出現在數十種雜誌的封面、並經常受邀擔任廣告的代言，以及頻繁出現在電影和電視螢光幕上，是那時高曝光度的名人。

2. 多蘿西·弗吉尼亞·瑪格麗特朱巴（Dorothy Virginia Margaret Juba, 1927-1990），也就是大家所熟知的多維馬（Dovima），她是第一位使用單一名字的模特兒，「Dovima」這個名字是由她名字的字母所組成。多維馬被譽為那個時代收入最高的模特兒之一，當時一般知名模特兒每小時的費用是25美元，而她每小時的收費則要高達60美元，也因此她被模特兒界戲稱為「Dollar-a-Minute Girl」。

1952 年 9 月份《Vogue》雜誌的封面。封面模特兒為蘇齊·帕克（Suzy Parker），由攝影師羅傑·普里金特（Roger Prigent）所拍攝。

BAZAAR

Incorporating Junior Bazaa

November 1955

he Fashion

or Fur

he

hildren's

Clothes

1955 年 6 月份的《Harper's Bazaar》雜誌。
封面模特兒為多維馬（Dovima）。

right Stars

t the

3.麗莎・芳夏格里芙（Lisa Fonssagrives, 1911-1992）。在二次世界大戰之前，由舞者身分轉行成為模特兒的她，就已經擔任時尚攝影師埃爾溫・布盧曼菲爾德（Erwin Blumenfeld, 1897-1969）和霍斯特・P・霍斯特（Horst P. Horst）的模特兒。被封為「史上第一位超模」的麗莎・芳夏格里芙有兩段婚姻，第一段是1935年與素有「Beauty photography」之稱的攝影師費爾南德・芳夏格里芙（Fernand Fonssagrives, 1910-2003）結婚，兩人離婚之後麗莎・芳夏格里芙於1950年與知名攝影師歐文・佩恩（Irving Penn）結婚。

1950 年 5 月份《Vogue》雜誌的封面。封面模特兒為麗莎・芳夏格里芙（Lisa Fonssagrives），由攝影師約翰・羅林斯（John Rawlings, 1912-1970）所拍攝。

4.妮・貢寧（Anne Gunning, 1929-1990）。妮・貢寧最令人印象深刻的，就是她在回絕受邀走伸展台時所說的那句名言："that sea of faces glaring at me was too daunting."，她畏懼走伸展台是因為害怕在舞台上摔跤出糗，這也說明了，她為何一直將自己設定在「攝影模特兒」的真正原因。

1954 年 7 月份《Vogue》雜誌的封面。封面模特兒為妮・貢寧（Anne Gunning），由攝影師卡倫・拉德凱（Karen Radkai）所拍攝。

5.芭芭拉‧高倫（Barbara Goalen, 1921-2002），從戰後到1950年代這段時期，她被時尚界譽為是" the most photographed woman in Britain"（最上鏡頭的英國女性）和" the first British supermodel"（第一位英國超級名模）"。芭芭拉‧高倫是戰後時尚魅力形象的最佳代表，尤其是她為克里斯汀‧迪奧（Christian Dior, 1905-1957）和克里斯托瓦爾‧巴倫西亞加（Cristóbal Balenciaga, 1895-1972）這兩位服裝設計大師的設計，成功詮釋出高級時尚的貴氣與美感。

攝影師與模特兒的生命共同體

當時的時尚攝影界有一項慣例，那就是時尚攝影師會挑選固定的模特兒來進行合作，他們還會額外花時間來培育所挑選出來的模特兒。這似乎顯示，時尚攝影師就像是雕塑家般將模特兒形塑出自己想要的樣貌。攝影師與模特兒合而為一，並成為一個緊密的生命共同體，經由彼此之間的默契，如此才能建立出那恰如其份又獨具特色的時尚風格。這就像是蘇齊‧帕克與攝影師理查德‧阿維頓（Richard Avedon, 1923-2004）；麗莎‧芳夏格里芙與她的先生歐文‧佩恩；還有妮‧貢寧、芭芭拉‧高倫和攝影師約翰‧法蘭司（John French, 1907-1966）的關係。

模特兒芭芭拉‧高倫（Barbara Goalen）出現在《The Sunday Times Magazine》（星期日泰晤士報雜誌），該雜誌並以她來代表 1952 年風格的主題人物。

一代時尚攝影大師歐文·佩恩（Irving Penn）

1950年最受矚目的時尚攝影師有歐文·佩恩（Irving Penn）、理查德·阿維頓（Richard Avedon, 1923-2004）、亨利·克拉克（Henry Clarke, 1917-1996）、威廉·克林（William Klein, 1928- ）和伯特·斯特恩（Bert Stern, 1929-2013）這幾位。

從1940年代就已經嶄露頭角的時尚攝影師歐文·佩恩，到了1950年代更躍升為這個行業的大師級人物。他慣用的攝影手法，就是強調模特兒生動的輪廓，並且避開呆板死白的背景，歐文·佩恩相當尊重模特兒，也因此曾說過：「我不相信模特兒個人的人格是可以被闖入打擾的」。他最具代表的作品，除了是幫自己妻子麗莎·芳夏格里芙所拍攝的作品之外，那就是在1952年一口氣集合了12位國際知名頂尖模特兒一起拍照的創舉（這種概念也經常出現在往後的時尚雜誌中，成為被模仿的一種形態）。

1964 年 9 月份《Vogue》雜誌的封面。封面模特兒為薇洛妮卡·哈梅爾（Veronica Hamel, 1943-），由時尚攝影師歐文·佩恩（Irving Penn）所拍攝。

在1950年歐文‧佩恩為美國版的《Vogue》擔任時尚攝影師，他一系列高超作品，成為日後時尚攝影所學習、模仿的一種典範。根據攝影歷史學者約翰‧沙爾科夫斯基（John Szarkowski, 1925-2007）在1984年的專論中，對歐文‧佩恩有這樣的評價：「他不強調排場儀式，也沒有刻意要營造出什麼樣的故事情節。他的照片就是張單純的照片」。這段評論清楚說明了歐文‧佩恩攝影成就的偉大，就是在於「單純，但卻能精準簡潔的掌握一切」。

電影《Funny Face》所投射的理查德‧阿維頓（Richard Avedon）

理查德‧阿維頓（Richard Avedon, 1923-2004）是1950年代另一位相當具代表的時尚攝影師，這位美國籍的攝影師出生於1923年的紐約，他在10歲就開始學習攝影，尤其是對肖像攝影特別感到興趣，理查德‧阿維頓在1945年成為一名職業的攝影師，並從1946年開始為《Harper's Bazaar》雜誌擔任定期撰稿而且還一直到1965年才宣告結束。

理查德‧阿維頓是第一位建立個人品牌概念的時尚攝影師。他聲稱是延續1930年代攝影師路易絲‧達爾-沃爾夫（Louide Dahl-Wolfe）所建立的風格。理查德‧阿維頓的作品試圖以攝影記錄的方式來呈現「真實生活的心情」，也就是藉由攝影探究出有生命的、有呼吸的，充滿健康與現代感的人生。理查德‧阿維頓花了相當多的時間去遴選模特兒，並且費心去訓練她

們，因為他相信最好的姿態與動作能喚起模特兒的精神與心靈。而許多傑出的模特兒都是透過理查德·阿維頓用心的訓練，加上他細膩的攝影技巧，才順利脫穎而出。

理查德·阿維頓特別偏愛明星級的模特兒，除了有模特兒界的姊妹花多利安·麗（Dorian Leigh, 1917-2008）和蘇齊·帕克（Suzy Parker, 1932-2003）之外，多蘿西·弗吉尼亞·瑪格麗特朱巴（Dorothy Virginia Margaret Juba , 1927-1990）也和他有些許的合作，其中在1955年一幅名為「Dovima and The Elephants」的攝影作品，就是代表之作。

說到理查德·阿維頓就會讓我們想到1957年所上演的《Funny Face》，這部由巨星奧黛麗·赫本（Audrey Hepburn, 1929-1993）和佛雷·亞斯坦（Fred Astaire,1899-1987）所主演的電影，該劇情就是取材自理查德·阿維頓這位時尚攝影師的故事，片中他受時尚雜誌之命，物色新面孔的模特兒，巧遇由奧黛麗·赫本所飾演年輕貌美的書商，兩人隨即展開一段有趣的故事。

1954年所上映的《Funny Face》（甜姊兒）。該片取材自時尚攝影師理查德·阿維頓（Richard Avedon）的故事。

1955 年 9 月份的《Vogue》雜誌。封面由時尚攝影師亨利 · 克拉克（Henry Clarke）所拍攝。

擅長線條佈局的亨利 · 克拉克（Henry Clarke）

當然在1950年代除了歐文 · 佩恩和理查德 · 阿維頓之外，還有一位也是相當傑出的時尚攝影師亨利 · 克拉克（Henry Clarke, 1917-1996）。出生於美國洛杉磯的他，深受塞西爾 · 沃爾特 · 哈迪 · 比頓（Cecil Walter Hardy Beaton）和霍斯特 · 保羅 · 阿爾伯特 · 博爾曼（Horst Paul Albert Bohrmann）的影響。在1950年代他擔任《Vogue》雜誌時尚攝影師時，曾與多位知名模特兒合作，透過他的鏡頭，表現出模特兒的完美與女人味，許多這個時期代表的攝影作品，有很多都是出自他之手。在論及亨利 · 克拉克的時尚攝影作品，最令人讚嘆之處，就是他在攝影畫面裡，巧妙將模特兒與空間之間營造出如藝術般幾何線條的關係。

至於1950年代後期所崛起的時尚攝影師，如威廉 · 克林（William Klein）和伯特 · 斯特恩（Bert Stern）也都蓄勢待發，並在往後的時尚界大放異彩。

6 1960年代

開啟1960年代時尚影像的理查德 · 阿維頓
（Richard Avedon）

延續上個年代，亨利 · 克拉克（Henry Clarke）、威廉 · 克林（William Klein）、伯特 · 斯特恩（Bert Stern），加上理查德 · 阿維頓（Richard Avedon）等人，在1960年代持續活躍於時尚攝影界。其中理查德 · 阿維頓（Richard Avedon）改變他過往的風格，以嶄新的攝影美學觀來呼應1960年代這個時代新的價值。

他在1966年開始為《Vogue》雜誌擔任時尚攝影（這項工作並一直擔任到1990年為止）。在1969年代理查德 · 阿維頓（Richard Avedon）最欣賞與寵愛的模特兒，有崔姬（Twiggy, 1949-）、佩内洛普 · 翠（Penelope Tree, 1949-）和勞倫 · 赫頓（Lauren Hutton, 1943-）等人，這些出生在1940年代的模特兒，她們所代表的正是屬於「1960s」這時代新的樣貌。

1985 年美國化妝品公司 Revlon（露華濃）的宣傳廣告，由理查德 · 阿維頓（Richard Avedon）所拍攝。

1978 年 3 月份的《Vogue》雜誌。封面是由時尚攝影師穆特·紐頓（Helmut Newton）所拍攝。

情慾時尚攝影大師赫穆特·紐頓（Helmut Newton）

生於柏林一個猶太富裕家庭的時尚攝影師大師赫穆特·紐頓（Helmut Newton, 1920-2004），他在1936年成為德國攝影師伊娃（Yva）的學徒，之後在1946年於墨爾本成立自己的攝影工作室。1961年是他人生的一個重要轉捩點，因為這一年他與妻子前往時尚之都巴黎定居，定居之後的他繼續活躍於時尚攝影界，而且還為法國版的《Vogue》和《Harper's Bazaar》拍攝作品。這位頂尖的時尚攝影師，擅長從男性的觀點，透過鏡頭與模特兒的接觸，呈現出人們對性幻想的悸動。

來自倫敦的「Terrible Trio」（可怕三人組）

除了有赫穆特·紐頓（Helmut Newton）之外，當時最引起時尚攝影界注目的焦點人物，就是被喻為

「Terrible Trio」（可怕三人組）的三位攝影師大衛・貝利（David Bailey, 1938- ）、特倫斯・多諾文（Terence Donovan, 1936-1996）和布萊恩・達菲（Brian Duffy, 1933-2010）。這三位出生於倫敦勞工階級的攝影師，他們對時尚業所持的態度是輕佻、不屑、狂妄的，也正因如此，所以一些大膽、挑逗的形象因而被開發出來，突破過往長期以來，時尚攝影始終堅守的「優雅」規則。對於這三位時尚攝影師的攝影理念與做為，當事人布萊恩・達菲就曾為他們的行徑有一段直率的自白："Before 1960, a fashion photographer was tall, thin and camp. But we three are different: short, fat and heterosexual!"

（1960年之前，一位時尚攝影師身材高大，苗條且紮實。但是我們三個是不同的：矮、胖和異性戀！）

大衛・貝利（David Bailey）的最佳搭檔珍・詩琳普頓（Jean Shrimpton）

這三位相當能反映出當時時代精神的時尚攝影師，都有個人專屬的模特兒，其中最具代表的例子，就是攝影師大衛・貝利（David Bailey）和模特兒珍・詩琳普頓（Jean Shrimpton, 1942- ）的這一對。珍・詩琳普頓是大衛・貝利最喜歡的模特兒，她的名氣也在與大衛・貝利合作之後快速攀升。珍・詩琳普頓從英國Lucie Clayton畢業之後，在擔任廣告模特兒時，就由大衛・貝利來負責掌鏡。1961年他們倆為英國《Vogue》雜誌的新單元「Young Idea」進行拍照的合作，兩人的名氣便開始一路爆紅。在1962年他們兩人被邀請去美國，當他們到抵達美國時，《Harper's Bazaar》編輯黛安娜・佛里蘭（Diana Vreeland, 1903-1989）傲氣的說：「英國的時代來臨了」。

在1966年由義大利導演米開朗基羅·安東尼奧尼（Michelangelo Antonioni,1912-2007）所執導的電影《Blow Up》，該片相當程度暗示攝影師大衛·貝利和模特兒珍·詩琳普頓的一段情愛故事，片中由大衛·漢明斯（David Hemmings, 1941-2003）所飾演的Thomas一角，其性格被認為就是暗指攝影師大衛·貝利。

電影《Blow Up》的劇照。該部電影暗示攝影師大衛·貝利（David Bailey）和模特兒珍·詩琳普頓（Jean Shrimpton）兩人的一段情。

時尚攝影師強勢的主導時尚

1960年代當時時尚攝影師為了擴大自己的影響力，強調個人的自主性，而拍出一些相當極端的照片，這些舉措也觸怒了服裝設計師以及時尚編輯，他們認為攝影師擁有太大的權力，甚至還透過媒體管道，強烈表達對攝影師囂張跋扈的行徑不滿。誠如在1965年12月份的《Time》雜誌，就刊載了一位服裝設計師對時尚攝影師的抱怨："Because the photographer gets involved in the model or the scene he is shooting --- everything but the dress."。說明了，除衣服之外攝影師干涉並主導時尚的一切。

7 1970年代

模特兒的形象因時尚攝影師要求而定

1960年代許多人憂心時尚攝影師對時尚界的主導權不斷在膨脹，害怕他們的擴權，會危及「時尚生態」長期以來所建立的穩定。即便時尚界有如此的擔憂，但在1970年代初期攝影師們的主控權還是充分被尊重，以《Nova》為例，該雜誌便在1970年代的初期，給攝影師更多的空間來支配流行的通路，當時就由赫穆特‧紐頓（Helmut Newton）、蓋‧伯丁（Guy Bourdin, 1928-1991）、鮑伯‧理查德森（Bob Richardson, 1928-2005）、漢斯‧費勒（Hans Feurer, 1939- ）等知名攝影師，和《Nova》的藝術總監兼攝影師哈利‧派西諾提（Harry Peccinotti, 1935- ）共同來主導攝影風格的方向，然而這些攝影師的想法，大多會推翻前一次所決議的風格。

《Nova》的這種模式，甚至還影響到法文版的《Vogue》雜誌以及美國版的《Harper's Bazaar》雜誌的運作，而成為這兩大雜誌接下來經營的大方向。

時尚攝影師權力的擴張不僅如此，甚至他們還要求模特兒，要來為他們個人建立出獨有的形象。例如，穆特·紐頓（Helmut Newton）就想要有個迷人的風格；蓋·伯丁想要有個鵝蛋臉孔的特色；莎拉·慕（Sarah Moon, 1941- ）則更進一步要模特兒蘇珊·蒙庫（Susan Moncur）營造出她想要的，具「陶醉、迷幻」的洋娃娃形象。

備受批評與質疑的時尚攝影師

在談這個年代的時尚攝影師時，當然馬上會想到的是時尚攝影大師赫穆特·紐頓。他的攝影充滿濃烈的性、狂野、力量的組合，這種意像還深深影響到整個1970年代。赫穆特·紐頓擅長挑選模特兒，尤其是「高挑、金髮、碧眼、白膚」更是他的首選。例如夏綠蒂·蘭普琳（Charlotte Rampling, 1946- ）、麗莎·泰勒（Lisa Taylor, 1951- ）、瑞莉·霍爾

（Jerry Hall, 1956- ）都是他相當欣賞的模特兒，而這些模特兒也都和他維持了很長久的合作關係。

不過對於攝影師赫穆特·紐頓的攝影作品，並非都能得到社會的認同，在當時就有女性主義團體對他提出嚴重的抗議，她們認為赫穆特·紐頓的攝影照片是低級的，許多影像都是在踐踏女性。其中最受爭議、引起激憤的，就是針對1975年5月的美國版《Vogue》，一個長達14頁的攝影專集，該專集的標題：「The Story of Ohhh…」，內容是金髮碧眼白膚的女模麗莎·泰勒，扮演對性渴望的淫蕩女。

其實受到爭議與批評的攝影師不只是赫穆特·紐頓一位而已。在1970年代初期為法國版《Vogue》擔任攝影工作的法國攝影師蓋·伯丁，也同樣經常受到輿論的撻伐。不過，在事隔多年之後，於黛安娜·佛里蘭（Diana Vreeland）的攝影選集《Allure》中就針對蓋·伯丁曾遭到非議的作品說道：「現在看起來這些照片一點都不像是妓院。」

女性時尚攝影師黛博拉‧特爾貝維爾（Deborah Turbeville）

除了上述之外，還有一位也是在這個年代，同樣遭受到抨擊的女性時尚攝影師黛博拉‧特爾貝維爾（Deborah Turbeville, 1932-2013）。出生美國但定居於法國的黛博拉‧特爾貝維爾，曾為英國版和美國版的《Vogue》雜誌擔任時尚編輯工作。在她的攝影作品中，我們可以看到她將美麗與疏離兩者作連結，黛博拉‧特爾貝維爾所建立的形象，是深植人心的關注而不只是拋媚眼。她所選擇的模特兒，有一種與眾不同的美麗，而所建立的形象往往是令人吃驚的，因為在她的攝影作品中，模特兒們所表現的時尚印象並非是顯耀或是快樂的，而是充滿一種幽閉與恐怖的氣氛，將情緒安設在低落、消極、沮喪的氛圍中，就是這種氛圍，讓許多評論者認為黛博拉‧特爾貝維爾的攝影作品，是把焦點放在病態與絕望關係的處理，至於服裝在畫面中就變得不重要了。她最受爭議的攝影作品，是在1975年出現於《Vogue》雜誌的一幅名為「Bath-house」照片，當時在《Women In Fashion》中，還詳細論述並指責這件作品是傷風敗俗、淫穢不堪，認為表面上雖然是關於泳裝的故事，但其實是藉由一群模特兒在土耳其蒸氣浴室，要營造出吸毒是迷人的意涵。黛博拉‧特爾貝維爾對於這無情的批評，而她也只以一句：「我只是表現一群女孩而已」，做出回應。

8 1980-1990年代

超級模特兒的推手史蒂芬・梅塞爾（Steven Meisel）

若要論及當時誰是最具份量的時尚攝影師？那就要首推史蒂芬・梅塞爾（Steven Meisel,1954-）了，史蒂芬・梅塞爾從1980年代起就開始為時尚雜誌《Vogue》拍攝封面，他被稱為是模特兒成功出線的催化劑，順利捧紅多位模特兒，這其中又以擁有一半薩爾瓦多血統的克莉絲蒂・杜靈頓（Christy Turlington,1969-），以及來自加拿大中產階級家庭的琳達・伊凡吉莉絲塔（Linda Evangelista, 1965-），和出生於倫敦南部的娜歐蜜・坎貝兒（Naomi Campbell, 1970-）這三位模特兒最具代表。當史蒂芬・梅塞爾相當敏銳將這三位模特兒組合在一起拍攝，很快的，她們三人就成為模特兒圈最受歡迎的三人組，許多雜誌與設計師也力邀她們三人以一組的方式出現。

時尚攝影師史蒂芬‧梅塞爾被譽為是超級模特兒的推手，也是操控模特兒界的霸主，在美國版的《Vogue》他擁有2百萬美金的身價，是世界時尚形象建立的關鍵者，流行音樂天后瑪丹娜（Madonna）就曾與他有過合作。

史蒂芬‧梅塞爾他出生於紐約皇后區的中產階級家庭，年輕時他就非常關注女性雜誌，並以自己的方式練習拍照，他曾在理查德‧阿維頓（Richard Avedon）工作室待過。史蒂芬‧梅塞爾他第一份時尚工作是在《Women's Wear Daily》擔任插畫師，透過這段經歷，讓他非常清楚關於模特兒與攝影的風格型態，有助於日後他在教導模特兒擺出適當的肢體動作時，能更快速又精準掌握到所需要的畫面與感覺。

2009 年 5 月份美國版的《Vogue》雜誌。封面是由時尚攝影師史蒂芬 ‧ 梅塞爾（Steven Meisel）集結 9 位名模的拍攝作品。

紀錄黑白時尚的彼得・林德貝格（Peter Lindbergh）

擁有正統藝術教育訓練的德國攝影師彼得・林德貝格（Peter Lindbergh, 1944-2019），他在1971年轉換工作跑道進入到攝影的行列，並開始為《Stern》雜誌服務。從1980年代中期，他定期為超級模特兒琳達・伊凡吉莉絲塔（Linda Evangelista）拍攝，而這位超模就曾以「他能拍到真實的我」一語，來讚許這位攝影大師。

極為擅長黑白攝影畫面的彼得・林德貝格十分多才多藝，他曾執導過多部電影和紀錄片，其中於1991年他在美國紐約所執導的黑白影像《Models, The Film》一片，分別記錄了多位國際知名超模，近距離生動的畫面。除此之外，他也有多本出版物的創作，其中在 1996年所出版的《10 Women by Peter Lindbergh》一書，內容就以攝影作品像與文字書寫的方式，呈現了10位國際頂尖的模特兒。

不僅如此，這位縱橫1980年代到2010年代的時尚攝影師，也經常以極富哲理的言論，提供了我們在審視時尚畫面時，另一種角度的反思。例如那令人印象深刻的名言：

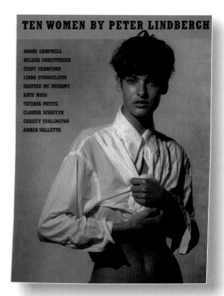

"If you take out the fashion and the artifice, you can then see the real person." （如果你摒除掉時尚和技巧，你便可以看到真實的人）

"The supermodels were a revolution. There was a freshness to them that stood against the prevailing idea of what a woman was." （超模是一場革命。超模的新鮮感與普遍女性的觀念是背道而馳）。

由彼得・林德貝格（Peter Lindbergh）在 1996 年所出版的《10 Women by Peter Lindbergh》攝影專書。

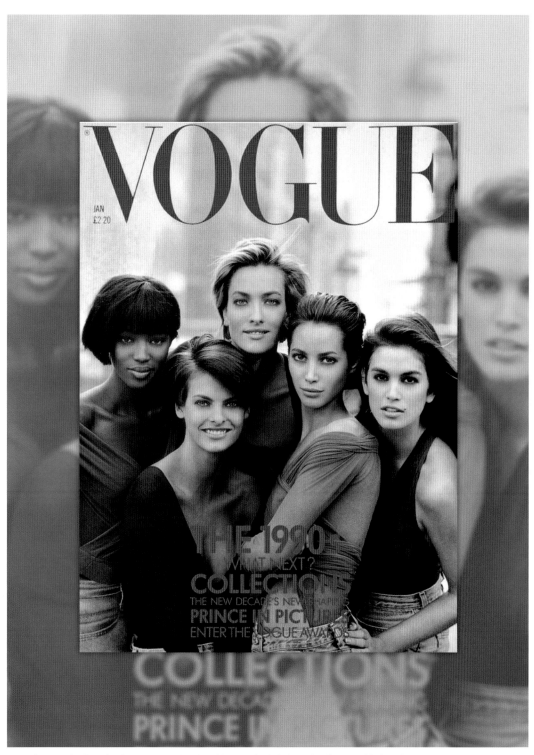

1990 年 1 月份英國版的《Vogue》雜誌。封面是由時尚攝影師彼得 ・ 林德貝格（Peter Lindbergh）
集合 5 位國際頂尖超模所進行的拍攝，藉此宣示「超模的時代」已降臨。

凱特‧摩絲（Kate Moss）的貴人
科瑞涅‧戴（Corinne Day）

在1980年代英國時尚攝影師開發出不同的議題，而這些議題也引起國際時尚攝影界的關注，其中最具代表就是曾擔任過模特兒的女攝影師科瑞涅‧戴（Corinne Day, 1965-2010），在她接受《British Journal of Photography》的訪問時，她非常有想法的說道：「我一直希望能呈現人們的真實面，尤其是我特別喜歡倫敦街頭的風格，因為這種風格是世界其他地方所沒有的。在英國年輕人所強調的個人獨特風格，而這種感覺和世界其他地方的年輕人是非常的不一樣。」

科瑞涅‧戴（她以「紀錄式」的風格，與當時重視華麗細膩技巧的1980年代，可以說是形成強烈的對比。這位強烈想要表現年輕人真實一面的時尚攝影師，最經典的例子就是她幫模特兒凱特‧摩絲（Kate Moss）呈現出：「未經整理的頭髮、僅僅只是上口紅和塗上睫毛膏、模特兒跌坐在沙發、橫臥在沾滿灰塵的地毯上、穿上緊身褲和小件的T恤」之影像。針對這種未經處理過的畫面，模特兒凱特‧摩絲曾說：「當我和攝影師科瑞涅‧戴一起工作，她希望我放下心防，而唯一的義務就是躺在沙發上⋯⋯。」

凱特‧摩絲能成為超級模特兒，當然這一切都要感謝當年才剛從模特兒轉行當攝影的科瑞涅‧戴，她從一堆美女照中，獨具慧眼地挑中凱特‧摩絲一張用「拍立得」相機所拍的生活照，當時有人質疑科瑞涅‧戴挑選的眼光，她回答說：「因為凱特‧摩絲，和我一樣矮，讓我有安全感。」

德國女攝影師埃倫・馮・昂沃絲（Ellen von Unwerth）

1980年代成名的女性時尚攝影師，除了科瑞涅・戴之外，另外還有一位也是由模特兒出身轉為攝影師的德國攝影師埃倫・馮・昂沃絲（Ellen von Unwerth, 1954-）。這位才氣洋溢的攝影師她在2018年接受《Harper's Bazaar》的專訪時，談到她從女性主義的觀點進行拍攝的自白："The women in my pictures are always strong, even if they are also sexy. My women always look self-assured. I try to make them look as beautiful as they can because every woman wants to feel beautiful, sexy and powerful. That's what I try to do."。從這段表達清楚說明了，在她的攝影照片中，女性即便是很性感但卻也是很強壯，並且看起來很有自信。相信「透過鏡頭讓女人都變得美麗，性感和有力」就是她時尚攝影的信念所在。

2010 年 7 月份的《Vogue》雜誌。封面出自德國女攝影師埃倫・馮・昂沃絲（Ellen von Unwerth）的攝影作品。

數位時代擴大了世界的視野

在1982年由日本SONY公司所推出的Mavica數位相機，開啓了數位相機之河。緊接著，在1989年由美國Adobe公司所發明的Photoshop影像處理軟體，讓數位影像的後製得到更多的便利性。而最令攝影界震撼具革命性的發展，就是在1991年由日本Fuji和Nikon兩家公司的合作之下，生產了世界第一台數位單眼相機，這也使得攝影術正式邁入到電腦科技數位化的時代。

由於攝影進入到劃時代的新紀元，大大改變了過去攝影師的習慣、態度與觀念，加上多元文化的衝擊之下，這使得攝影風格出現一些嶄新的議題，而藉由電腦技術的結合，時尚攝影界出現不同於過去的創作，更多的創意觀念、更多的靈感想法都一一被激發出來，尤其是在《The Face》、《i-D》等雜誌中，我們看到時尚攝影師所呈現的攝影作品，模特兒的形象，出現在「性別關係的錯亂、含糊不清的意義、反常變形的結構、另類倒置的審美」等等的虛擬世界之中，而藉由這些虛擬世界的情境，把時尚帶入到另一個世界，擴大了世界的視野。

擅長科技應用的攝影大師尼克‧奈特（Nick Knight）

1990年代最富創意及影響力的攝影師，首推英國攝影大師尼克‧奈特（Nick Knight, 1958- ）。1982年，尼克‧奈特（Nick Knight）還在英國藝術學院攻讀攝影時，但那年他就出版了一本攝影集《Skinheads》，也因而受到了當時《i-D》雜誌編輯泰利‧瓊斯（Terry Jones）的賞識，邀請他為該雜誌30周年創作100幅人像照，這也奠定了他在時尚攝影界的地位。

這位擅長運用「Photoshop」軟體技術來處理影像的他，曾與多位知名服裝設計師有過合作的經歷，其中最引起時尚界震撼的，那就是1997年他為服裝設計師亞歷山大‧麥昆（Alexander McQueen, 1969-2010）

的「brocade dress」主題所拍攝的作品。照片中模特兒戴文・青木（Devon Aoki, 1982- ）獨眼的殘缺，以及額頭的穿刺，一種不舒服的感覺，再再都挑戰了視覺感受的容忍度。

集怪異之大成的時尚攝影師

1990年出現一些被視為是「怪咖」的時尚攝影，例如強調獨一無二超現實幽默風格的法國攝影師大衛・拉切貝爾（David LaChapelle, 1963- ）、表現陰森恐怖又搞怪的義大利籍攝影師安德烈・雅各（Andrea Giacobbe, 1968- ），以及擅長將模特兒營造突兀、荒誕畫面的荷蘭二人組（夫妻檔）攝影師伊內茲・凡・藍思維得（Inez Van Lamsweerde, 1963-）和維努帝・馬它蒂（Vinoodh Matadin, 1961- ）。這四位同為出生於1960年代的他們，從20世紀的尾聲開始發光發熱，以另類的獨創性一起為時尚視覺美學開拓出不同的貢獻，而當時模特兒的形象在他們的主導下，呈現出不同於以往的樣貌，是如此的豐富而不可思議。

2016年《V》雜誌以美國巨星女神卡卡（Lady Gaga）為封面，攝影出自攝影大師尼克・奈特（Nick Knight）。

由法國攝影師大衛・拉切貝爾（David LaChapelle, 1963- ）為「Kenzo」品牌所拍攝的廣告。

9 2000-2010年代

被譽為是20世紀最偉大的女攝影師

美國雜誌編輯協會（ASME, American Society of Magazine Editors）曾評選40年來最具影響力的40張封面，其中前兩名都是出自時尚攝影師安妮・萊柏維茲（Annie Leibovitz, 1949-）所拍攝的作品。出生於美國康乃狄克州的安妮・萊柏維茲，1970年進入1967年才創立的《Rolling Stone》雜誌（滾石雜誌），擔任旗下的攝影師。1973年，發行人之一的簡・溫納（Jann Wenner）將她擢升為首席攝影師。直到1983年安妮・萊柏維茲離職，安妮在這家雜誌社的攝影生涯，大多數的影像畫面都是由她來掌鏡，這也為以流行與音樂為主題的《滾石》雜誌，在整體視覺影像樹立了明確的風格。

安妮・萊柏維茲在《滾石雜誌》工作時期，拍過大牌的藝人不計其數，其中最經典的一張就是，1980年12月8日拍攝約翰・藍儂（John Lennon）與妻子小野洋子（Yoko Ono）的合照。約翰・藍儂在拍攝完這張經典的照片後的幾個小時就被謀殺，而約翰・藍儂這張令舉世震驚的最後遺照，也發表在1981年1月22《滾石》雜誌的封面。

除此之外，安妮‧萊柏維茲在21世紀最讓人留下深刻的印象，那就是在2007年到2014年之間，為迪士尼的「Disney Dream Portrait Series」（迪士尼夢幻肖像系列）拍攝一系列名人照，以宣傳迪士尼公園的"Year of a Million Dreams"（百萬夢想之年），成功打造名人時尚與童話故事的連結。

時尚攝影大師師安妮‧萊柏維茲
（Annie Leibovitz）。
（由 Marc Silber 所拍攝）

21世紀最具傳奇的時尚攝影帝姆‧沃克（Tim Walker）

1994年畢業於英國「Exeter College of Art and Design」（埃克塞特藝術與設計學院）的帝姆‧沃克（Tim Walker, 1970-）在取得學位之後便前往紐約發展，並擔任美國時尚攝影師理查德‧阿維頓（Richard Avedon）的助理。

2005年帝姆‧沃克與英國版《Vogue》合作，這也是他首次嘗試時尚攝影。2008年他更進一步舉辦了個人首次的展覽。

帝姆‧沃克雖然不以「美」做為拍攝的準則，但他所呈現的每一件作品卻都是如此的令人嘖嘖稱奇。帝姆‧沃克最令人讚嘆的是他在攝影畫面的佈局，場景的安排是如此的多采多姿，有一種如夢如詩、充滿故事性的敘事。

這位已成為21世紀最具代表的時尚攝影師，他於2019年9月7日至2020年3月8日，有長達半年的時間，在倫敦的「維多利亞與艾伯特博物館」（V&A Museum）舉行主標題「Wonderful Things」，副標題「An immersive journey into the fantastical worlds created by photographer Tim Walke」（攝影師帝姆‧沃克所創造的奇幻世界之旅）攝影個展。從展覽的這些攝影作品，都讓我們體驗到世界上最具爆炸性的創造力，是這般的精采絕倫。

由帝姆 · 沃克（Tim Walker）在 2012 年所
版的攝影專書《Tim Walker Story Teller》。
該書見證了帝姆 · 沃克為世人帶來充滿
想像的時尚驚喜。

第三篇
西方時尚模特兒的本尊

時尚如果沒有模特兒的詮釋，那就如同一件，擺在陰暗處等待清洗的發霉衣物」；「時尚魅力的展現，絕對是需要模特兒的溫度來加持與喚醒。

做為「時代偶像」（Idols of the era）的「時尚模特兒」，其源於19世紀的中期，如果說起它的開端，則又與歐洲高級女裝設計師的發軔，有著密切不可分的關連。「時尚模特兒」從一開始是位沒沒無名，如同衣架般，僅供做為陪襯服裝的「跑龍套」小角色，到逐漸發展出稍具知名的專業人士，最後再衍生成為享有超高人氣、坐擁萬貫財富、讓眾人稱羨愛慕的「頂尖超模」。這整個發展過程，就像是一部麻雀變鳳凰的傳奇小說，令人不可思議。

已被視為是時代中，重要女性人物代表的「時尚模特兒」，她們結合了「時尚」、「審美」、「身形」於一體，並據實展現出不同時代價值的所在，所以當我們想要了解一個時代發展與變遷的精髓，豈能輕忽她們存在的事實，以及她們所具有的影響與意義。

1 19世紀

一場意外的開始

時尚模特兒制度的建立起因於查爾斯‧弗雷德里克‧沃思
（Charles Frederick Worth, 1825-1895）之構想（對於這種說
法雖然有人持不同的看法，但我們並未見他們有提出更具說服
力的證據，來支持自己的論述，所以在此我們還是維持一般普
世公認的看法來定奪）。這位出生於1825年10月13日的英國服
裝設計師，不但在1850年代開創「Haute couture」（高級女裝
訂製服），成為時尚流行設計師的先驅，同時也開創了時尚模
特兒的概念。查爾斯‧弗雷德里克‧沃思的傳奇，始於他在法
國巴黎Rue Richelieu地區，當時他受僱於一家名為「Gagelin
et Opigez」的織品材料服飾店擔任銷售員，為了有效推銷店裡
的服飾商品，查爾斯‧弗雷德里克‧沃思突發奇想從店內挑選
一位外型迷人的店員，以走動的方式來展示服飾，沒想到這種

真人走秀的方式讓在場的顧客，眼睛瞬間為之一亮，並博得滿堂的讚許，也因為這場突來的隨性演出，最後讓他順利取得訂單，成功賣掉衣服。當時臨危受命擔任展示的這位小姐瑪麗‧韋爾內（Marie Vernet, 1825-1898），不但成為西方第一位有名有姓的首位時尚模特兒，她在1851年6月21日也與和她同年出生的另一半查爾斯‧弗雷德里克‧沃思結為夫妻。

查爾斯‧弗雷德里克‧沃思於1858年離開「Gagelin et Opigez」之後，隨即與瑞典籍友人奧托‧古斯塔夫‧博伯（Otto Gustaf Bobergh, 1821-1882）一起在「Left Bank」開設一間小型的服飾工作室。查爾斯‧弗雷德里克‧沃思能在很短的時間內，由一小間工作室快速成長，並順利拓展他的服飾事業版圖，其實與他這位賢內助有著密切的關聯，因為瑪麗‧韋爾內除了在店內負責招攬客人，還協助規劃模特兒演出的提案，以及親自

1895 年的查爾斯‧弗雷德里克‧沃思（Charles Frederick Worth）。他不僅被譽為是「高級女裝流行之父」，同樣也是開啟西方時尚模特兒風氣先河的關鍵人物。

擔當服飾展示的模特兒。查爾斯‧弗雷德里克‧沃思在一次受邀到法國皇宮介紹他的服飾設計時，由於妻子瑪麗‧韋爾內以個人優雅的魅力以及所帶領的團隊，成功將300套的服飾做出最完美的展示，不但讓與會的皇室成員讚賞不已，甚至還博得拿破崙三世的妻子歐仁妮‧德‧蒙蒂若皇后（Eugénie de Montijo, 1826-1920。全名 María Eugenia Ignacia Augustina de Palafox Portocarrero de Guzmány Kirkpatrick）的歡心，因此決定選用了查爾斯‧弗雷德里克‧沃思的服裝。在得到皇室的肯定之後，查爾斯‧弗雷德里克‧沃思不但聲名大噪，往後的生意更是一路興隆，我們從查爾斯‧弗雷德里克‧沃思1858年店內只僱用20位的女裁縫師，但不到20年就增加到1200位的發展就可見一斑。

30歲時的查爾斯‧弗雷德里克‧沃思（Charles Frederick Worth）。他成功讓設計師成為時尚流行的主導者。

「Worth」品牌的服裝秀

瑪麗‧韋爾內除了在店內協助擔任模特兒展示服飾,也經常會在公開的場合穿上他們店內所設計最新款式的服飾,她不僅是社交名流界的話題人物,而她所穿著的服飾更成為其他名媛爭相模仿學習的款式。瑪麗‧韋爾內真可說是不折不扣「Worth」品牌最佳的廣告代言人。

說起「Worth」品牌所舉辦的服裝秀,他們每一季在推出新裝時,都會邀請顧客前來觀賞最新流行的款式。最初一開始由於模特兒的水準不一,還曾遭到顧客拒絕前來的窘境,不過很快的,服裝秀的品質漸趨專業,顧客也就樂於前來參加,甚至還將參加服裝秀當成是社交圈固定的一項盛事。「Worth」品牌每次服裝秀都是由瑪麗‧韋爾內領軍打頭陣,她帶領經過挑選的模特兒來展示服裝,雖然這些模特兒並非都是特別高䠂,長相也非都是十分突出漂亮,但是她們僅僅只是挺直身體、整齊走動的展現服裝,卻已經能在當時巴黎社會造成不小的轟動。

知名法國小說家愛德蒙・德・龔固爾（Edmond Huot de Goncourt, 1822-1896）就曾在1876年5月一份期刊中，針對當時他所目睹的「Worth」品牌服裝展示，有以下如此的記載：

「A pretty detail of elegant Parisien life amongst the young models in the salons of Worth, who display and parade the robe of the illustrious couturier upon their svelte bodies, there is a girl, or rather a lady model, whose speciality is to represent pregnancy in high life.」

查爾斯・弗雷德里克・沃思雖然在1895年過世，不過他在19世紀所建立的時尚模特兒與服裝秀演出，為往後20世紀蓬勃發展的「時尚模特兒」這項行業，奠定了最重要的基礎。

查爾斯・弗雷德里克・沃思（Charles Frederick Worth）的妻子瑪麗・韋爾內（Marie Vernet, 1825-1898），她被視為是第一位展示服裝的名模特兒。

2 1900-10年代

服裝設計積極尋覓模特兒

繼查爾斯·弗雷德里克·沃思（Charles Frederick Worth）之後，在20世紀初期出現了第二代的高級女裝設計師，如雅克·杜塞（Jacques Doucet, 1853-1929）、珍妮·派昆（Jeanne Paquin,1869-1936）、普瓦·波烈（Paul Poiret, 1879-1944）、可可·香奈兒（CoCo Chanel, 1883-1971）等人，這些服裝設計師先後建立起屬於自己的服飾公司，並積極找尋模特兒。設計師們除了會安排自己的沙龍，由模特兒穿著最新款式的服飾為顧客展示之外，也會藉由模特兒運用各種不同的展示方式與策略，來凸顯自家品牌的服飾。例如，珍妮·派昆就藉由知名藝人蓋比·蒂思里（Gaby Deslys, 1881-1920）的名氣，為她擔任模特兒並展示新裝，而讓蓋比·蒂思里成為該品牌最佳的服裝代言人，這也為「時尚與藝人」的結合建立

不錯的模式。又例如，普瓦‧波烈在1911年於戶外舉辦一場名為「1002nd Night」（一千零二夜）的服裝發表會，這場服裝發表會以別出心裁的園遊會方式來舉行，由於加上模特兒穿著充滿東方異國風味的服飾，果真造成巴黎時尚界相當大的轟動。另外也相當值得一提的是，服裝設計師可可‧香奈兒（CoCo Chanel）在第一次世界大戰之前，她便以自己的名字於1912年到1914年之間，分別在Paris與Deauville兩個地方各開了一家服裝店，可可‧香奈兒就邀請年輕的阿姨Adrienne和她的堂姊妹Antoinette，擔當該品牌首任的模特兒。可可‧香奈兒為了增加品牌服裝的能見度，還刻意請她們兩位，頻繁出現在法國靠海的休閒度假小鎮Deauville，要求她們以散步的方式來展示最新款的女裝。其實可可‧香奈兒除了找自家人擔任模特兒之外，她自己本人就固定穿著自己所設計的服裝當起模特兒，成為自己服裝設計最佳的活廣告。

大約是 1910 年代當時知名的藝人蓋比‧蒂思里（Gaby Deslys）。

1912 年法國藝人加布里埃爾‧多扎特（Mlle Gabrielle Dorziatw）頭戴可可‧香奈兒（CoCo Chanel）所設計的女帽。她是巴黎時尚潮流的引領者，幫助可可‧香奈兒推廣她的設計。

由法國藝術家亨利‧熱爾韋（Henri Gervex）在 1906 年所繪製名為「Five Hours at Paquin」的畫作。該畫作呈現服裝設計師珍妮‧派昆（Jeanne Paquin）工作室熱鬧的景象。

大約是 1911 年法國知名藝人蓋比 ·
蒂思里（Gaby Deslys）。她是服裝設
計師珍妮 · 派昆（Jeanne Paquin）品
牌最佳的服裝代言人。

由於，以「真人」取代「蠟像」作為服飾商品展出已成為時裝發表的主要趨勢，再加上「時尚秀」也被視為是上流社會交誼的一項重要活動，在這種情況之下，使得服飾展示的方式與規模，逐漸地擴大並且越趨於精緻，當然這也連帶受到當時媒體的關注。舉例來說，在1910年位於美國費城的Wanamaker購物商場，當時所舉辦的大型服飾發表會，不僅在當地造成相當大的轟動，甚至還登上國際新聞的版面。

大約是在 1915 年一位模特兒展示法國高級時裝品牌「卡洛特姊妹」（Callot Soeur）的晚禮服。

服裝設計師對模特兒的抱怨

在當時一般服裝設計師也會如同珍妮・派昆（Jeanne Paquin）一樣，試圖挑選出最好的模特兒來展現他們的設計，不過這種期望往往很難如其所願（畢竟在當時優質的模特兒還是相當稀少的年代裡），所以模特兒的水準是參差不齊，有些還被譏笑難看得像是「工廠的女工」，也因此許多服裝設計師對模特兒的條件與表現，也有許多的抱怨，例如普瓦・波烈（Paul Poiret）這一位對模特兒已經相當友善與照顧的設計師，卻在他《My First Fifty Year》一書中以日記的方式寫出一肚子的抱怨：「時裝模特兒要比其他的女人更該具備女人味，她必須抗拒肢體有氣無力的放下，並由內在心靈反映到從她的外型，再用手勢與動作表現她的身體，當然她也必須賣力地開發出一些新的創意。我雖然有許多模特兒，但卻極少人具備這些特質。」普瓦・波烈甚至還指名道姓，直接針對一些模特兒表達不滿，例如他就曾對一位名叫André的模特兒，有如此負面的評價：「愚蠢的呆頭鵝，但是愛炫耀的外貌美貌，她像Messalina出現在我的沙龍高視闊步，像是一位高傲做作的印度皇后。」以及對另一位明星級的模特兒Yvette說道：「她是來自Batignolles的一位巴黎小女生，她相當難聽的聲音就如同廉價的鳥叫聲，不過幸好她不必開口說話。」

法國服裝設計師普瓦・波烈（Paul Poiret）。

模特兒對服裝設計師的不滿

然而，不是只有設計師會抱怨模特兒，相對的一些模特兒也是會對於設計師的作為，提出不滿的回應，例如英國服裝設計師露西・達夫-戈登夫人（Lucy Christiana, Lady Duff-Gordon, 1863-1835）經常要求並引導模特兒以誇張戲劇性的方式來表演，並以奇特的名字為她們命名藉此揶揄，如「Dinjarzade」或是「Arjamando」等怪異的名字，這也讓模特兒很不滿，私下在背後稱露西・達夫-戈登夫人是「Lady Muff Boredom」（糟糕又無聊的女士）。

1919 年時的英國服裝設計師露西 ・ 達夫 - 戈登夫人。

服裝設計師與模特兒的姻緣

雖然說，服裝設計師與模特兒之間，互有不滿的訊息時而出現在時尚圈，但雙方的關係也並非都處在對立的局面，畢竟兩者的關係是好壞相依的。由於服裝設計師與模特兒必須經常相互配合，所以關係是相當密切，尤其是男性設計師與女性模特兒之間，很容易培養出感情，甚至還進一步結為連理，在1900年代就有一椿，那就是才出道沒多久的服裝設計師普瓦・波烈，在他剛開業兩年後的1905年，便與他最欣賞的模特兒，也是他創作的繆思丹妮絲・布勒（Denise Boulet）結婚成為夫妻，結婚後的丹妮絲・布勒依舊是普瓦・波烈最佳的品牌代言人，只不過這場曾被眾人祝福的婚姻在1928年收場，兩人的夫妻關係只維持了24年。

3 1920年代

舞者、藝人身兼模特兒

第一次世界大戰以前的20世紀初，「模特兒」這項工作被當時
社會視為是一種卑微的職業，甚至還被打上污名化的烙印，雖
然服裝設計師熱切維護好她們的公共形象，甚至還透過給予較
高酬勞為誘因，試圖尋覓到優質的模特兒，但設計師的這種期
望還是經常落空，因為他們很難依照自己所願，能找到「外型
姣好、專業熟練、形象良好」的理想模特兒，再加上人事管理
不易的問題，更是讓他們感到頭痛不已，也因此，許多設計師
就邀請一些藝人、名媛、知名舞者，或是周邊熟悉的朋友，穿
著自己所設計的新裝來展示服飾。所以說，在1920年代，一些
舞台的舞者或是女藝人，她們還同時身兼模特兒的角色，例如
著名的法國喜劇歌舞藝人吉娜‧帕勒米（Gina Palerme, 1885-
1977）就經常出現在時尚雜誌，呈現出許多迷人的時尚照片。

HAMMER-
STEIN

1921 年時的美國知名藝人伊萊恩‧
漢默斯坦（Elaine Hammerstein）。
她的穿著經常是當時社會流行的一
項重要指標。

HAMMER-
STEIN

1926 年美國電影女演員和舞蹈家瑪麗‧路易斯‧布魯克斯（Mary Louise Brooks）。她是當時流行的代表，其中最令人津津樂道就是她帶動俗稱「鮑伯妹妹頭」（bob cut）。

Fash. 190

1928 年的可可‧香奈兒。她不僅帶動當時的流行，她自己本身就是該品牌最佳的形象代表。

Chanel品牌的專職模特兒

在第一次世界大戰結束後，由於女性經歷過戰爭的洗禮，角色不但得到改善，社會地位也跟著提升，並且獲得更多的自由與尊重，正因為女性參與社會活動以及工作機會的增加，這也連帶影響到社會對模特兒的觀感，讓「模特兒」這個名詞重新被界定。例如可可‧香奈兒（CoCo Chanel）就特別在巴黎僱用全職的模特兒，讓時尚模特兒從平淡無奇的印象，發展出嶄新的概念，為時尚模特兒賦予新的定位，而這其中又以Chanel品牌的專職模特兒艾比迪女士（Lady Abdy, 1897-1992）最具代表，這位出生於聖彼得堡的蘇聯模特兒，同時也是可可‧香奈兒的朋友，擁有6英尺高䠷的身材、現代感的外型，加上專業出色的表現，讓她成為社交界的名人，當時巴黎一些前衛的女士，還紛紛向她來學習如何穿著與打扮。由於可可‧香奈兒成功為模特兒引入社交名媛界，所以許多模特兒也都渴望能成為Chanel品牌的模特兒，因為它所代表的是一種新時代女性的自信與驕傲。當然毫無疑

問，設計師可可‧香奈兒不但為模特兒打造出更好的身價，她自己本人也是該品牌最佳的模特兒，她那「一隻腳向前，身體傾斜，一隻手插口袋，另一隻手自然擺放」的動作，被俗稱「Chanel posture」，亦成為了許多模特兒模仿學習的標準姿勢。

時尚模特兒發展的突破

1920年代的模特兒，較過往更有機會出現在時尚雜誌中，這種不再以服裝畫來作為服裝設計形象的展出，而是改以實際真人模特兒的攝影做為表現，它的轉變發展，其實與服裝設計師普瓦‧波烈有密切的關聯，因為當時普瓦‧波烈帶領模特兒四處巡迴表演，在表演過程並為模特兒們拍照，這些照片隨後就被安排放在時尚雜誌中，此不但讓服裝畫減少出現在時尚雜誌的頻率，也讓這些專業的模特兒成功地登上時尚雜誌的舞台，直接打破長期以來，社會名媛及女藝人獨霸時尚版面的局面，而讓專業的模特兒也能成為代表時尚的重要指標。

在1924年法國服裝設計師尚‧巴杜（Jean Patou, 1880-1936）為了開拓他在美國的市場，決定採用美國的模特兒，於是他特別透過廣告進行招聘，在招募廣告中還寫到模特兒的條件：「smart, slender, with well-shaped feet and ankles and refined of manner」，結果吸引了許多年輕女孩的報名，尚‧巴杜在紐約還從500位身材高駣、外貌出色、令人驚豔的競爭者中挑選了6位，此不僅成功招攬美國的顧客，更重要是引發美國年輕女孩熱情的關注。在此次模特兒的選

大約是 1921 年知名的舞蹈家西瑞（Desiree Lubovska，這個名字也就是這位美國舞蹈家 Winniefred Foote 的藝名）她穿著設計師尚‧巴杜（Jean Patou）所設計的服裝。擅長肢體表達的西瑞（Desiree Lubovska）無疑就是當時最佳的模特兒。

拔中，一位來自律師家庭的波士頓女孩，她在結束巴黎工作返回紐約之後，還成為當地最受歡迎的人物。

美國第一家模特兒經紀公司

1920年代模特兒能快速的發展，除了當時雜誌快速的成長，需要更多的模特兒提供給服裝畫家與攝影師。其中有一項也是相當重要的因素，那就是廣告與時尚代理商，他們需要漂亮的女孩來促銷產品，尤其是服飾製造商與化妝品廠商，更需要模特兒來為他們的產品代言，因為這些業主瞭解模特兒對產品商業銷售的幫助，並且相信優質的模特兒對產品形象的提升，是有加強的效果，也因此企業主開始願意用較多的金額投入模特兒的費用，以此來爭取或聘請條件更好的模特兒。由於這種商業模式的形成，也連帶促使模特兒經紀公司，開始在商業上進行運作的發展。其中代表的

例子，那就是美國演員約翰‧羅伯特‧鮑爾斯（John Robert Powers, 1892-1977）他於1923年離開演員工作，轉而在紐約開設了美國第一家模特兒經紀公司「John Robert Powers Agency」，約翰‧羅伯特‧鮑爾斯集結他在演藝界的朋友，承接廣告的生意，當時他支付模特兒的待遇，平均大約是每小時5塊美金。約翰‧羅伯特‧鮑爾斯最大的貢獻，就是相當努力去消除社會對模特兒負面的印象，例如他以「Powers Girls」來介紹他所屬的模特兒，以「Long Stemmed American Beauties」（高姚漂亮的美國女孩）這個字眼來詮釋模特兒。約翰‧羅伯特‧鮑爾斯對於模特兒中有較好條件的人才也會推薦到好萊塢，讓模特兒這個工作成為進入電影界的一項跳板，例如瑙瑪‧希拉（Norma Shearer,1902-1983）、露西兒‧鮑爾（Lucille Ball,1911-1989）、愛娃‧嘉德納（Ava Gardner, 1922-1990）和洛琳‧白考兒（Lauren Bacall, 1924-2014），都是經由他的幫助，而順利轉入電影界成為電影的一代巨星。不過較為可惜的是，約翰‧羅伯特‧鮑爾斯對於模特兒專業養成訓練方面，卻顯得相當的貧乏與不足。

大約是 1955 年的約翰‧羅伯特‧鮑爾斯（John Robert Powers）。他在 1923 年成立美國第一家模特兒經紀公司。

瑙瑪 · 希拉（Norma Shearer）在 1925 年主演「時尚奴隸」（A Slave of Fashion）時的劇照。

223-ㄨ-Al

英國第一家模特兒經紀公司

不僅是在美國，當時的歐洲也同樣出現了模特兒經紀公司，這其中最具代表的例子，就是由英國人露西・克萊頓（Lucie Clayton。她原名Sylvia Gollidge，曾擔任過Blackpool百貨公司的模特兒）於1928年在倫敦成立的英國第一家模特兒經紀公司「Lucie Clayton Charm Academy」。這家模特兒經紀公司相較於約翰・羅伯特・鮑爾斯所成立的模特兒經紀公司，就顯得專業而有制度。「Lucie Clayton Charm Academy」它就像是一所「charm school」（美姿學校），舉凡社交技巧禮儀、化妝髮型、穿著打扮、舉止儀態、個人衛生、甚至醫療問題等等都有講授，可說是包羅萬象、琳瑯滿目，當然透過這些課程的學習，讓模特兒的專業形象以及內涵素質都提升不少，所以也有評論者認為，這家模特兒經紀公司是讓模特兒社會聲譽提升的重要推手。

模特兒的行業還是件苦差事

雖然說模特兒的地位在1920年代已較過去提升許多，不過當時擔任模特兒仍然是件相當辛苦的工作，就以百貨公司Henri Bendel和Bergdorf Goodman為例，雖然這兩家百貨公司已經將時尚表演規劃成一項固定性的活動，讓模特兒能有個穩定的工作，不過還是很少人會喜歡這項工作，因為模特兒必須在戶外走數小時的秀，或是長時間待在櫥窗展示服裝，甚至在交易忙碌時還要幫忙賣衣服以及收拾服裝。不僅是在百貨公司，同樣的，在一般時裝店內擔任模特兒，也不見得是件輕鬆的工作，模特兒必須隨時要打扮得整整齊齊，靜候顧客隨時可能的光顧，當顧客一上門就需要按客人的要求來展示服裝，有時一個動作姿勢還得維持好幾個小時，加上酬勞工資的低廉，工作又不穩定，名符其實的「忙時快發瘋、閒來又發慌」，所以模特兒還是被視為是件苦差事。不過如果要問，這項工作既然如此辛苦為何還能吸引年輕女孩願意繼續參與呢？那唯一的原因，大概就只剩下「因為這些年輕女孩能有機會穿著漂亮的衣服」。

GLORIA SWANSON PHOTO 54646

21年時的美國巨星格洛麗亞·
旺森（Gloria Swanson）。她不
是家喻戶曉的知名演員，同時
是時尚的偶像。

4 1930年代

女星與名媛都來搶飯碗

當時正逢好萊塢電影文化開始大放異彩的影響,這也讓原本代表時尚形象的時尚模特兒又面臨到衝擊,因為流行時尚界都把注意力放在好萊塢藝人的身上,以電影女藝人做為主導流行時尚的代表者。

由於時尚雜誌經常把注意的焦點放在電影明星的身上,這也讓知名的女藝人,順勢成為了時尚模特兒的化身,甚至還取代了專職的模特兒,這也讓當時專職的模特兒相當感慨,自認自己是「被時尚界忽略冷漠的一群人像立板」。

除了電影女藝人成為時尚界的焦點人物之外,另外也是經常被關注的寵兒,那就是「社交名媛」了。這種現象的起因,是因為當時時尚界發展出「把時尚與生活結合為一」的概念,「名媛」不論是在公開場合,或是平時都打扮得光鮮又亮麗,而相較之下模特兒就不同了,她們只有在演出或拍照的工作時才明豔動人,當卸了濃妝換下光鮮亮眼的服飾之後,就變回是一名沒沒無聞的普通女孩,如同身處黯淡無光的灰姑娘一般。

正因為當時一般人對時尚普遍的看法都認定是：「真正擁有時尚的條件，不僅要有出色的外表還必須要有個迷人的生活」。時尚雜誌的經營者與編輯也一致認為，能引起讀者關注的對象，絕對不是那些只有擁有長相出色的模特兒，而是要有迷人與豐富生活的女藝人或是名媛，所以調整了時尚雜誌報導的走向，特別針對名媛的話題撰寫更多的報導，也因此就出現如下的報導內容：法國名媛戴西‧費洛斯（Daisy Fellowes, 1890-1962）帶動旅遊的消息；名媛埃爾西‧曼杜女士（Lady Elsie Mendl, 1859-1950。原名埃爾西‧德‧沃爾夫Elsie de Wolfe）在晚宴上一個晚上可以換上20副手套；身兼藝術收藏家的社會名媛米利琴特‧羅傑斯（Millicent Rogers, 1902-1953。全名Mary Millicent Abigail Rogers）在一個晚上換3套服裝；以及細述讓溫莎公爵甘願為她放棄王位繼承的沃利斯‧辛普森（Wallis Simpson, 1896-1986），她生活的點點滴滴。這些都是時尚媒體關注的話題。

這些社會名媛，她們雖然不具模特兒的身分，但卻以她們的外貌主導了流行時尚，成為時尚界所代表的形象。

受到「女星」以及「名媛」的雙面夾擊，讓原本該居於時尚要角的時尚模特兒反淪為時尚界的配角。所以說，在1930年代「時尚界視女星與名媛為焦點，而把女模特兒擺置一旁的忽略」就成為當時的一大特色。

一幅法國名媛戴西‧費洛斯（Daisy Fellowes）肖像的炭筆畫。這位時尚偶像縱橫時尚圈的，她高雅出色的外表，在當被視為是最能展現高級時尚品味的不二人選。

1913年時的美國名媛埃爾西 · 曼杜女士。
（Lady Elsie Mendl,。原名埃爾西 · 德 · 沃
爾夫 Elsie de Wolfe）她奢華的時尚品味，曾
在 1930 年被巴黎專家評為「世界上穿著最
好的女性代表」。

1936 年 時 的 沃 利 斯 · 辛 普 森（Wallis
Simpson）。她就是讓世人傳誦「不愛江山，
只愛美人」的女主角。這位公眾人物她不但
是社會的焦點人物，也是時尚媒體界熱切關
心報導的時尚名媛。

時尚雜誌的助攻

至於讓模特兒還能有機會在時尚界存活，
其主要的原因是因為在1930年代的中
期，時尚雜誌仍能持續不斷的成長，例如
《Vogue》雜誌發行量從14,000份成長到
138,000份，以及《Femina》、《Good
Housekeeping》、《Tatler》等雜誌的積
極拓展。受到這些雜誌極需開拓和擴大市
場，也因此讓專業的模特兒有了更多露臉
的機會。雖然說女星與名媛仍然是時尚雜
誌的最愛，不過這些對象仍無法填滿雜誌
的版面，再加上時尚雜誌也需要不斷地為
流行形象的改變來下定義，這也讓時尚攝
影師必須物色較過往更多且風格不同的模
特兒，以滿足時尚雜誌大量的需求。

巨星級模特兒的出現

此時最傑出的模特兒有麗莎·芳夏格里芙
（Lisa Fonssagrives, 1911-1992）、瑪麗
恩·馬荷斯（Marion Morehouse, 1906-
1969）、托托·考夫曼（Toto Koopman,
1908-1991）等專業的模特兒，她們都是
當時時尚攝影師的最愛，並被視為是「頂
尖模特兒」的第一代。

其中麗莎‧芳夏格里芙（Lisa Fonssagrives）她是一位專業芭蕾舞者與舞蹈指導，神祕的美貌和專業的肢體動作，讓她成為當時模特兒界最受推崇的一位頂尖模特兒。至於擁有貴族般氣質的瑪麗恩‧馬荷斯（Marion Morehouse），她在紐約的一場社交場合被發現，隨後就帶著夢想來到巴黎開始她的模特兒生涯，瑪麗恩‧馬荷斯在模特兒界出色的表現，還讓後來的評論家將她評定是「世紀首位的超模」。而托托‧庫普曼（Toto Koopman, 1908-1991）則是可可‧香奈兒（CoCo Chanel）在1930年代最喜歡的模特兒，雖然傳言她與可可‧香奈兒的相處並不融洽，再加上托托‧考夫曼個性又是我行我素，所以人際關係不好的她總是惹來不少的非議，不過她那迷人的身材曲線，還是能吸引到眾人的目光。

模特兒經紀公司的再提升

在1930年代的歐美先後成立多家美姿學校，這些美姿學校的教學方式相較於1920年代顯得更加精彩，其中最具代表的就是成立於紐約的美姿學校「Mayfair School」，這所學校特別著重於創新的教學，例如使用3呎高的人體模型作為學習的教材，課程包括了化妝、如何擺姿勢，以及如何快速穿脫衣服。

1920年代所成立的模特兒經紀公司「Lucie Clayton Charm Academy」，到了1930年代經營的還是十分成功。露西‧克萊頓（Lucie Clayton）相當懂得操作媒體以及善於運用廣告的宣傳，也經常會刻意製造一些話題，來為公司及模特兒打響知名度。舉例而言，露西‧克萊頓她招募6位來自威爾斯南部煤礦社區窮困潦倒的女孩，提供她們免費的指導，並將她們重新打造成高級的形象，經過重新包裝過後的女孩，還遠赴美國好萊塢作巡迴表演，這則新聞被報導之後，在當時馬上成為熱門的話題，並引起熱切的討論。

5 1940年代

美國模特兒經紀公司「Ford Models」的成立

曾擔任過模特兒的艾琳‧福特（Eileen Ford, 1922-2014），在1946年於紐約成立非常著名的模特兒經紀公司「Ford Models」，這家公司不僅為模特兒提供專業的職業訓練，還給予她們猶如家庭般的照顧。很快地，「Ford Models」這家模特兒經紀公司吸引許多條件優異的高䠷女孩前來，甚至還吸引約翰‧羅伯特‧鮑爾斯（John Robert Powers）所經營的經紀公司「Powers」和另一家經紀公司「Conover」模特兒的跳槽。「Ford」模特兒經紀公司相當成功培養出許多模特兒，多位都是大家所熟知的頂尖的模特兒。例如：代表1950年代的蘇齊‧帕克（Suzy Parker, 1932-2003）和後來代表1960-70年代的勞倫‧赫頓（Lauren Hutton, 1943-）；以及代表1970-80年代的瑞莉‧霍爾（Jerry Hall, 1956-）和克里斯蒂‧布琳克莉（Christie Brinkley, 1954-）等多位。「Ford」不斷的擴張，到了今天在巴黎、米蘭、巴西都有他們的據點，每年進帳鉅額的金錢，成為培養頂尖模特兒的重要搖籃。

在 1946 年成立於美國模特經紀公司的艾琳 · 福特（Eileen Ford），她（圖右）在 1967 年芬蘭
與芬蘭模特兒里特瓦· 海科拉（Ritva Haikola）在交談。

戰後的「Dior's New Look」

在1940年代第二次世界大戰期間，時裝為因應戰爭的狀態與需求，而推出以實用性為主要考量的服裝，時尚模特兒所呈現的形象，也改以「陽剛、帥氣、保守」的形象為主。不過在戰爭結束之後的1947年2月12日，由設計師克里斯汀・迪奧（Christian Dior, 1905-1957）舉辦他個人首次的服裝發表會，震撼了國際的時尚界，因為這場被時尚界稱喻為「New Look」的發表會，克里斯汀・迪奧試圖以十足女性化的優雅、貴氣、奢華，重建一種喜悅、歡樂的新時代，藉此來結束戰爭時期悲傷、恐懼、苦悶的印象，是相當具有革命性的意義。

對於當時目睹這場服裝盛會的《Vogue》雜誌編輯拜蒂娜・巴拉德（Bettina Ballard, 1905- ），回憶當年這場服裝秀以及模特兒的表現時說道：「I was conscious of an electric tension which I had never before felt in couture…the first girl came out stepping fast, twitching with a provocative swinging movement, whirling in the close packed room, knocking over ashtrays with the strong flare of her pleated skirts and bringing everyone to the edges of their seats in a desire not to miss the thread of this momentous occasion …we were given a polished theatrical performance such as we had never seen in a couture house before. We were witness to a revolution in fashion and to a revolution in showing fashion as well.」

克里斯汀・迪奧的這場服裝秀，就像是為緊接而來的流行時尚走向，所下的一場指導棋，成功左右了時尚未來的方向，而這項發展對專職的時尚模特兒而言，也是別具意義，因為在當時模特兒圈，每位女模特兒都夢想渴望成為克里斯汀・迪奧的模特兒，以取得頂尖模特兒的光環。

1949 年穿著服裝設計師克里斯汀・迪奧（Christian Dior）華麗服裝的模特兒。

6 1950年代

「模特兒」與民眾之間的距離又拉近了

「模特兒」這個名稱概念到了1950年代有了更明確的定義，甚至還被賦予一種「代表時尚形象」的含意。從第一位被時尚史學家視為是巨星級的模特兒麗莎·芳夏格里芙（Lisa Fonssagrives）為開始（她從1930年代到1950年代期間活躍於時尚界），延續到代表1950年代的知名模特兒，如蘇齊·帕克（Suzy Parker）、芭芭拉·高倫（Barbara Goalen）、費歐娜·坎貝爾-沃爾特（Fiona Campbell-Walter）、布朗溫·阿斯特（Bronwen Pugh）、多維馬（Dovima）和多利安·麗（Dorian Leigh）等人，在她們的經營之下，「模特兒」這個字眼與一般民眾之間的距離又拉近了許多，尤其是在1950年代，報紙經常會出現一些有關模特兒的訊息，以及刊載一些時尚服裝秀的活動，而這些資訊甚至還不時被當成是要聞來加以報導。除此之外，由於社會大眾對模特兒充滿好奇，這也連帶使得出版界出版一些有關以模特兒為故事的書籍。其中最有名的例子，那就是由空中小姐轉變成模特兒的珍·丹尼（Jean Dawnay, 1925-2016），她在1956年於《Daily Express》中

以「Model Girl」為標題，描述個人成為模特兒過程的點滴，而之後她還出版了一本名為《How I Became a Fashion Model》的書，這本書不但成為當時的暢銷書，也開啓了往後出個人模特兒自傳的風氣。

另外把「模特兒」的故事搬上螢幕，在1957年所上映的「Funny Face」（甜姐兒），這部由巨星奧黛麗·赫本（Audrey Hepburn）擔任女主角的歌舞片，劇情是有關女主角由店員變成一位時尚模特兒的故事，這部賣座的電影不僅賦予「模特兒」正面的形象，也更加深大眾對模特兒的關注，使得年輕女孩子對模特兒這項工作開始充滿夢想與憧憬。

在這個同時重視年輕文化以及消費文化的時代裡，代表時尚產業的時尚雜誌和成衣相互結合，這使得大眾流行時尚更容易也更普遍地進入每位女性的生活之中。由於平面雜誌與宣傳媒體對模特兒需求量的增加，這更使得年輕女孩擔任模特兒的機會大大提升，一些經常聚集在模特兒經紀公司外等待機會的女孩，只要外型不要太差，通常都能如願獲得擔任臨時模特兒的工作。

高級女裝設計師對模特兒的重視與渴望

至於在高級女裝方面，每位高級女裝設計師如同競賽般，死命挖掘屬於他們風格類型的模特兒，藉此為自己的品牌建立獨特的形象。例如于貝爾·德·紀梵希（Hubert de Givenchy, 1927-2018）偏愛小骨架來呈現出年輕的時尚。克里斯托巴爾·巴倫西亞加（Cristobal Balenciaga, 1895-1972）偏愛氣質優雅的模特兒。皮埃·巴爾曼（Pierre Balmain, 1914-1982）則偏好女藝人擔任他的模特兒，而藝人布朗溫·阿斯特（Bronwen Pugh）就是其中的代表。至於克里斯汀·迪奧（Christian Dior）則特別偏愛有異國風味的模特

巨星級模特兒麗莎・芳夏格里芙（Lisa Fonssagrives）在 1951 年的一幅時尚照。

兒，其中他最喜歡的模特兒，就是有一半蘇聯、一半滿族血統的哈薩克斯坦共和國模特兒阿拉（Alla Ilchun），被譽為是「東方明珠」的她，正是克里斯汀‧迪奧的繆思。克里斯汀‧迪奧曾在他的回憶錄還寫到：「她（Alla）是天生的模特兒…Alla擁有一半蘇聯血統，她的臉蛋充滿東方的神祕，有一種不可思議令人陶醉的迷人魅力。她擁有無瑕疵地、完整地歐洲的身體，而我知道，她不論是穿誰設計的衣服，都不會令人失望」。

說到當時高級女裝設計師對模特兒的重視可以說是不言而喻，設計師不斷以鼓勵、支持、激勵等方式，試圖讓模特兒變得更專業，甚至還為她們取藝名以提高形象。例如在設計師皮埃爾‧巴爾曼（Pierre Balmain, 1914-1982）擔任模特兒的Janine變成Praline；在設計師于貝爾‧德‧紀梵希旗下擔任模特兒的Simone Bodin改名為Bettina；Germaine Lefevre改名為Capucinbve。

模特兒的話題與轉行

當然美麗的模特兒不僅成為媒體關注的焦點，她們也成為有錢人與有地位男士追求的對象，有關模特兒的情史也就成為媒體報導的重點新聞。例如，費歐娜‧坎貝爾-沃爾特（Fiona Campbell-Walter）嫁給富商博內米薩‧提森（Baron von Thyssen, 1921-2002）；又如布朗溫‧阿斯特（Bronwen Pugh）嫁給英國商人阿斯特勳爵（Lord Astor, 1946- ），這些都成為媒體追逐的話題。

除了模特兒嫁為人婦的訊息受到媒體高度的注意，另外就是模特兒轉行的消息，也深受媒體報導的關注，譬如詹妮弗‧霍金（Jennifer Hocking, 1929-2011）成為《Harper's Bazaar》和《Queen》時尚編輯；以及曾經是位成功的美國模特兒多利安‧雷伊（Dorian Leigh），在1959年於巴黎開辦法國第一家模特兒經紀公司。這兩位轉換職業跑道的模特兒，也都引來媒體的追蹤與報導。

模特兒待遇的大躍進

「模特兒」這個行業能受到社會更加的重視，其因與她們收入較過去成長許多有直接的關聯，舉例而言，當時一位最頂尖的模特兒，在紐約一天可賺高達2,000英鎊。而知名模特兒蘇齊‧帕克（Suzy Parker）每小時的費用是200元美金。至於英國頂尖模特兒芭芭拉‧高倫（Barbara Goalen）的收費標準，則是按照專業人士中最高的鐘點費來計算。

正因為模特兒的收入大幅提高，這也使得模特兒之間的競爭變得更加地激烈與緊張，許多模特兒想盡辦法討好攝影師，或是想出一些策略來吸引設計師的青睞，模特兒彼此之間的對立與衝突也時有所聞。例如拜蒂娜‧巴拉德（Bettina Ballard）就回憶起模特兒蘇齊‧帕克在服裝秀的後台，對模特兒費歐娜‧坎貝爾-沃爾特（Fiona Campbell-Walter）發火，結果兩位頂尖模特兒就爆發激烈的爭吵。

1963 年擁有明星氣質魅力十足的知名模特兒蘇齊 · 帕克（Suzy Parker）。

VOGUE

CHRISTMAS PLANS—
GIFTS
JEWELS
PARTY CLOTHES

DECEMBER 1951

1951 年 12 月《VOGUE》雜誌封面人物為知
名模特兒德洛 · 奧克（Della Oake），她穿著
設計師克里斯托巴爾·巴倫西亞加（Cristobal
Balenciaga）的服裝。

7 1960年代

時代巨變下的新價值

1960年代西方世界就在年輕文化高漲以及衝擊之下，讓過往傳統穩定的狀態遭逢到巨大的轉變，就在這巨變的時代裡，許多的價值觀也跟著產生質變，特別是在英國，當披頭士（Beatles）、滾石（The Rolling Stones）、維達·沙宣（Vidal Sassoon）、瑪麗·關（Mary Quant）等人，被視為是這個時代的「Colin MacInnes」（代表一種深具流行文化的開創先鋒），並得到社會大眾的支持與擁抱，而隨之而來的媒體也加以呼應，推出以年輕人為角度的內容，例如《Queen》徹底翻修，提供新的精神；《Vogue》帶入屬於年輕人的想法；流行時尚雜誌《Nova》也在1965年刊載更多關於年輕人想法的單元。另外，英國電視主持人凱茜·麥高恩（Cathy McGowan, 1943- ）在1963年8月所首播的「Ready, Steady Go」（RSG）節目，更變成是時尚流行圖像的新名詞。至於相對於表現「貴族階級、高尚優雅、富麗堂皇、禮貌教養、深思熟慮、拘謹保守」的形象，則在1960年代的時尚文化中，就相形沒落消退。

1966年的英國設計師瑪麗‧關（Mary Quant）。她以「迷你裙」的款式以及「小女孩」（The little girl）的風貌，帶動了全球時尚革命。

此時所崛起的英國服裝設計師瑪麗‧關、瑪麗恩‧福爾（Marion Foale）、莎莉‧特芬（Sally Tuffin）、奧西‧克拉克（Ossie Clark）成為時尚界的新寵兒，她們的設計思維對當時國際高級女裝的市場帶來相當大的衝擊，受此影響下，許多高級女裝設計師也一改過去的形象價值。毋庸置疑的，國際模特兒圈的生態亦隨之產生重大的變化，在1950年代模特兒的優雅、高貴姿態，被1960年代強調靈敏、精巧的形態所取代。這時所出道的模特兒厭惡「強調胸部、手腳僵硬、不自然」的動作，她們尤其對時尚攝影中模特兒所表現的矯柔做作，更是相當反感，英國模特兒就在這種氛圍下，成為這波國際模特兒形貌與價值改造的重要「改革者」。知名模特兒經紀人彼得‧拉姆利（Peter Lumley, 1920-2004），就曾對倫敦模特兒的特色有如此的評價：「最好的模特兒是中產階級或是住在郊區的女孩，她們沒有受到限制。倫敦女孩是通俗化的，她們不僅是外在看起來漂亮而且還要有屬於她們自己的觀點」。

倫敦模特兒的開拓

在模特兒珍・詩琳普頓（Jean Shrimpton）的開路下，倫敦模特兒的形象，成為1960年代全世界時尚界注目的焦點與年代的代表。珍・詩琳普頓她是被英國攝影師大衛・貝利（David Bailey）所發掘的。這位被暱稱是「Shrimp」（小蝦；不值一顧的人）的新生代模特兒，光在1965年出現在雜誌封面就超過30種以上的輝煌紀錄。珍・詩琳普頓她年輕的外貌、穿著迷你裙、爆炸長髮、畫上厚重深色的眼妝加上瘦長的雙腿，被賦予了「Chelsea Girl」的定義，並且帶動出其他英國模特兒的崛起，如茱莉・克莉絲蒂（Julie Christie）、帕蒂・漢森（Patti Hansen）、佩內洛普・特里（Penelope Tree）、仙絲亞・漢普頓（Cynthia Hampton）等人。

除了珍・詩琳普頓之外，本名叫李絲莉・后比（Leslie Hornby）的模特兒崔姬（Twiggy）更是造成時尚界巨大的撼動，這位出生於1949年9月19日、來自英國倫敦郊區的Neasden，出身

1965 年時倫敦模特兒珍・詩琳普頓（Jean Shrimpton）。（圖片取自 Joost Evers 所拍攝）

1966 年時的茱莉・克莉絲蒂（Julie Christie）。

工人家庭的女兒，在1960年代成為家喻戶曉、最受歡迎的模特兒。崔姬是在美髮沙龍擔任洗頭小妹時，被賈斯汀‧德‧維倫紐夫（Justin de Villeneuve）所發掘，當時她只有15歲。在她男朋友兼經紀人賈斯汀‧德‧維倫紐夫（Justin de Villeneuve）以及設計師瑪麗‧關（和美髮師維達‧沙宣（Vidal Sassoon）等人的塑造之下快速爆紅。身高不超過5英尺7、體重只有90磅、瘦弱尚未發育的身材、充滿無助空洞眼神的大眼睛、無辜呆滯的嘴唇，加上「Sporting a Cropped boyish cut」的帥氣髮型，以純真少女般的形象，為模特兒這個概念建立出一個嶄新的風貌。模特兒崔姬是第一位以模特兒身分成為國際的知名人士，當她來到紐約時，被蜂擁而來的民眾所包圍，就像是披頭士（Beatles）和滾石（The Rolling Stones）一樣，擁有眾多熱情粉絲的擁護。她的髮型、化妝、衣服被全世界模仿，名字也授權給一系列化妝品、襪子、服飾，成為代表這個時代的時尚標記。美國《Time》雜誌就曾對崔姬有如此形容：「她讓我們不禁想起Garbo和Carole Lombard」。由於崔姬帶來這場時尚革命，也使得她在1966年獲選為「年代最傑出的女性」（Woman of the Year）之殊榮。受此影響，不僅讓「模特兒」的聲勢看漲，同時也讓「模特兒」這種身分被社會更加地接受。

不過崔姬在19歲也就是1971年時，退出模特兒的生涯而成為演員，並隨即就在這一年主演由肯‧拉塞爾（Ken Russell, 1927-2011）所拍攝的電影「The Boyfriend」。

1967 年 8 月份《VOGUE》雜誌的封面人物為英國知名模特兒崔姬（Twiggy）。她在 1966 年獲選為「年代最傑出的女性」（Woman of the Year），由於她獲得這項殊榮，確實有效提升模特兒的地位。

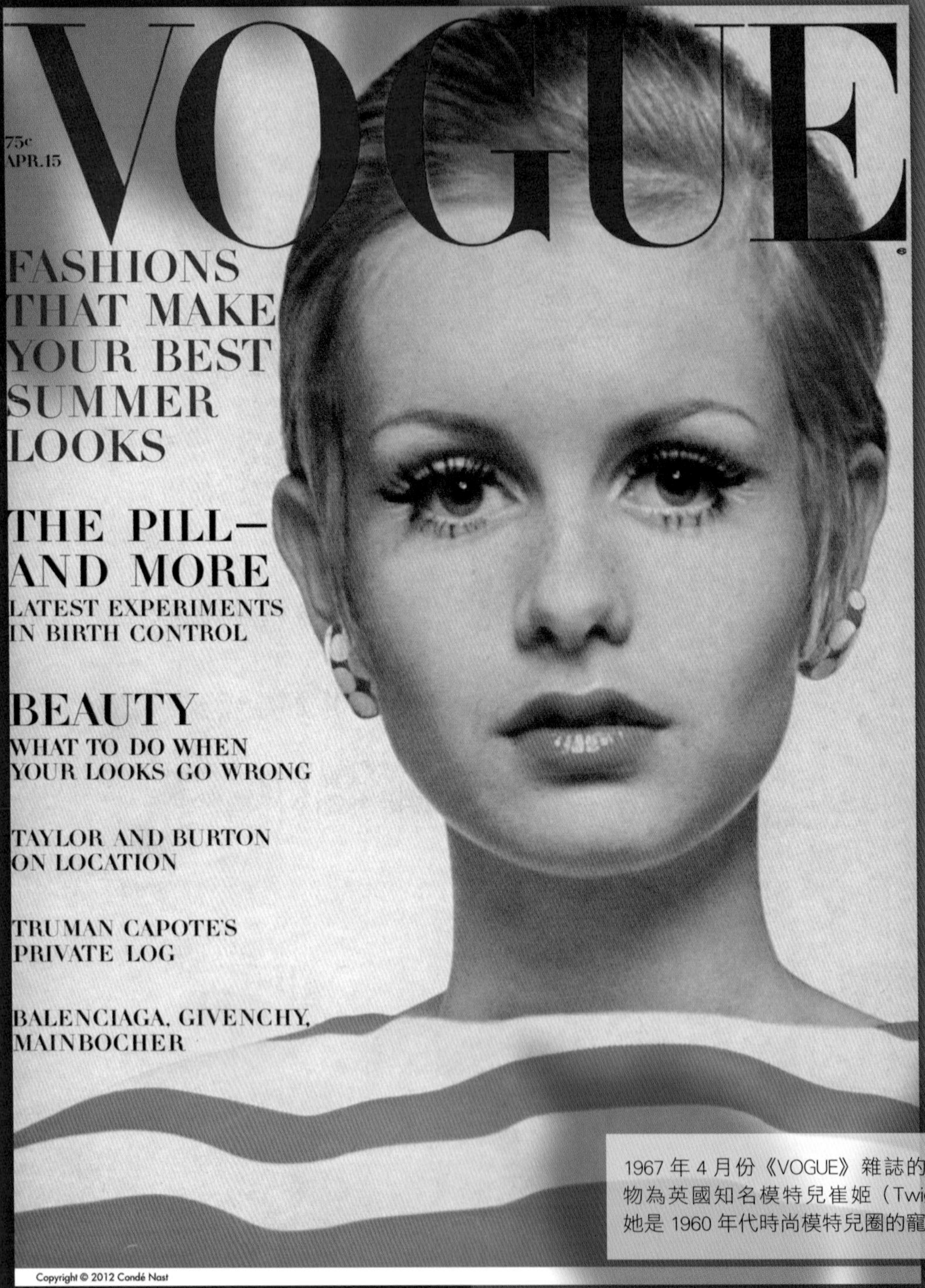

VOGUE
75c
APR.15
FASHIONS THAT MAKE YOUR BEST SUMMER LOOKS
THE PILL—AND MORE
LATEST EXPERIMENTS IN BIRTH CONTROL
BEAUTY
WHAT TO DO WHEN YOUR LOOKS GO WRONG
TAYLOR AND BURTON ON LOCATION
TRUMAN CAPOTE'S PRIVATE LOG
BALENCIAGA, GIVENCHY, MAINBOCHER
Copyright © 2012 Condé Nast

1967 年 4 月份《VOGUE》雜誌的封面人物為英國知名模特兒崔姬（Twiggy）。她是 1960 年代時尚模特兒圈的寵兒。

時尚革命帶來的創新

受到英國的啓發，時尚革命也在英倫以外的地區蔓延，而且同樣出現一些令人耳目一新的創舉。例如，法國服裝設計師安德烈‧庫雷熱（André Courrèges, 1923-2016）在1965年推出宇宙太空裝，拜模特兒俐落的肢體語言所賜，成功展現服裝的未來感。又例如，西班牙的設計師帕科‧拉巴納（Paco Rabanne, 1934-）結合模特兒的展演，成功營造出金屬新材質的新時尚。再例如，美國設計師魯迪‧簡萊什（Rudi Gernreich, 1922-1985）設計露胸的游泳衣，並且由他最喜歡的模特兒佩吉‧莫菲特（Peggy Moffitt, 1940-）來穿著，而不論是這款服裝的設計；或是佩吉‧莫菲特本人，都成為國際時尚報導的焦點。

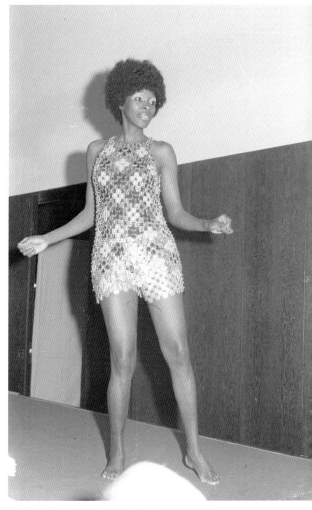

1971年一位模特兒穿著西班牙設計師帕科‧拉巴納（Paco Rabanne）所設計的服裝走秀。
（圖片取自 Friedrich Magnussen 所拍攝）

1965 年模特兒穿著法國服裝設計師安
德烈・庫雷熱（André Courrèges, 1923-
2016）所推出的宇宙太空裝。（圖片取
自 Jacqueline Barrière Courrèges 所拍攝）

12 Fév. 1965

15

COURRÈGES

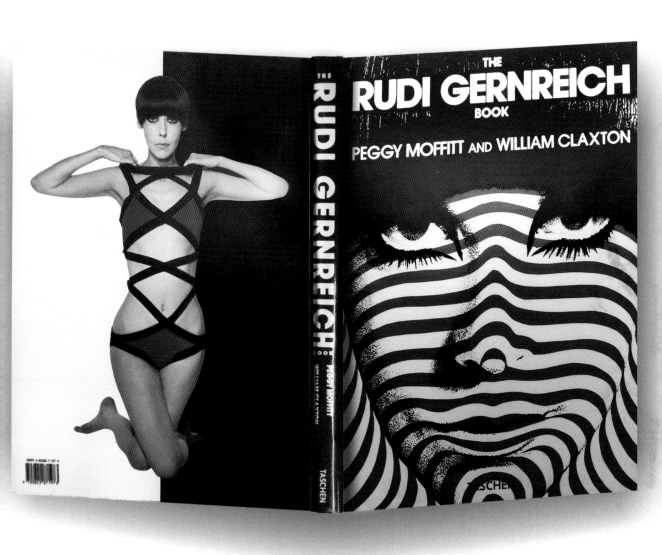

由模特兒佩吉 · 莫菲特（Peggy Moffitt）和瑪麗露 · 路德（Marylou Luther）
所合著的《The Rudi Gernreich Book》。封面及封底皆為佩吉 · 莫菲特。

兩位時代經典的模特兒

1969 年義大利版《VOGUE》的封面出現模特兒佩內洛普 · 翠（Penelope Tree）。

此時活躍在國際時尚界還有兩位相當知名的模特兒，分別是佩內洛普 · 翠（Penelope Tree）與薇露希卡 · 馮 · 倫道夫（Veruschka von Lehndorff, 1939- ）。

出生於英國但在美國發展的佩內洛普 · 翠（Penelope Tree），雖然家人一開始相當反對她進入模特兒的行業，不過後來還是如願走上模特兒之路。尤其是在美國版《Vogue》雜誌藝術總監亞歷山大 · 李伯曼（Alexander Liberman, 1912-1999）的引導下，成為一位獨具風格的模特兒。身材瘦長、雙頰凹陷的她，在鏡頭下，很自然地散放出一股「空靈又虛無」的魅力。披頭士（Beatles）成員之一的約翰 · 藍儂（John Lennon, 1940-1980）曾被要求形容佩內洛普 · 翠，結果他回答是："Hot, hot, hot, smart, smart, smart！"。

出生於德國的模特兒薇露希卡·馮·倫道夫（Veruschka von Lehndorff），她的名字引起注意，是由於她擔任電影「Blow Up」一片的女演員，這位不尋常的模特兒出生於Von Lehndorff，是女伯爵的女兒，擁有普魯士貴族血統的身分。就讀藝術系的她，原本期待成為一位藝術家，但因緣際會卻使得她成為一位出色的模特兒。在《Trompe l'oeil》一系列令人震驚的時尚照片，薇露希卡·馮·倫道夫相當精細的把顏料圖繪在她赤裸的身體。曾經於1960年代出現在四大《Vogue》雜誌（美國，義大利，法國和英國）封面的薇露希卡·馮·倫道夫，她在1986年出版名為《Trans-Figurations》的一書中提到：「在成為一位模特兒時，它改造了我並且讓我形成出許多不同的特性」。

德國的模特兒薇露希卡·馮·倫道夫（Veruschka von Lehndorff）出現在 1968 年《VOGUE》的封面。

8 1970年代

時尚伸展台競爭的加劇

到了1970年代，國際頂尖的高級女裝設計師，更加積極把時裝的舞台安排在伸展台。這不但使得時尚伸展台出現較往昔更加活絡的發展，也使得時尚伸展台成為國際時尚競逐的焦點。一場場時尚風暴的競技，自此便開始在伸展台這個戰場上，激烈且隆重的展開。在米蘭有吉安尼·凡賽斯（Gianni Versace, 1946-1997）、喬治·亞曼尼（Giorgio Armani, 1934- ）、瓦倫蒂諾·加拉瓦尼（Valentino Garavani, 1932- ）；在巴黎有伊夫·聖羅蘭（Yves Saint-Laurent, 1936-2008）、索尼亞·里基爾（Sonia Rykiel, 1930-2016）、蒂埃里·穆勒（Thierry Mugler, 1948- ）、克洛德·蒙塔納（Claude Montana, 1947- ）；在紐約有卡文·克萊（Calvin Klein, 1942- ）、候司頓·赫里特（Halston Heritage, 1932-1990）、比爾·布拉斯（Bill Blass, 1922-2002）等人。這些頂尖的服裝設計師，他們積極經營與布局伸展台，將伸展台作為個人發布創意設計的中心點，並且藉由伸展台，作為展現個人時尚魅力的重要平台。由於這種情勢的發展，也連帶使得走在伸展台的模特兒，有了更多曝光的機會，讓

時尚的鎂光燈聚焦在她們的身上。當然，伸展台上模特兒的身價也因而水漲船高、行情看俏。

時尚形象美的大翻轉

時尚界到了1970年代，結束了1960年代稚氣童真的容顏與形象，取而代之是健康、活力和自然，所融合的「成熟健康美」。此時崛起的模特兒中最具代表，首推勞倫‧赫頓（Lauren Hutton, 1943-），這位出生於美國佛羅里達的沼澤區的陽光美女，對於戶外活動的興趣更勝於時尚。雖然勞倫‧赫頓早在1966年就已登上《Vogue》雜誌的封面，不過在經歷了8年之後，才建立出屬於她個人的自然形象。由於勞倫‧赫頓廣受大眾的歡迎與喜愛，也因此經常受邀擔任電影的演出，例如《Paper Lion》、《The Gambler》、《American Gigolo》等都是她的代表之作。無疑的，勞倫‧赫頓那種充滿微笑和代表健康的標誌，已成為1970年代象徵「生氣勃勃、自然健康」形象的最佳寫照。

1974 年的模特兒勞倫 · 赫頓（Lauren Hutton）。她代表 1970 年代「健康成熟」的時代形象。

1978 年 3 月 6 日《TIME》封面以「The All American Model」為標題,並以徹麗・鐵格斯(Cheryl Tiegs)作為封面的代表人物。

在1970年代中期受到「美國戶外陽光女孩」風潮的影響,美式少女那種「乾淨、閃亮、迷人」就成為時尚界新的理想形象,其中代表的模特兒有以下五位:海灘甜心的徹麗・鐵格斯(Cheryl Tiegs, 1947-)、金髮白膚的瑞莉・霍爾(Jerry Hall, 1956-)、性感迷人的克里斯蒂・布琳克莉(Christie Brinklet, 1954-)、自然純真的帕蒂・漢森(Patti Hansen, 1956-)、熱情奔放的瑪葛・海明威(Margaux Hemingway, 1954-)。這些美國的模特兒,各個都是支配時尚形象的關鍵人物,她們不僅活躍於模特兒界,也同時跨足到其他的領域,而且一樣深受歡迎,例如徹麗・鐵格斯將她的名字授權給牛仔褲與比基尼的設計公司,成為暢銷的品牌。瑞莉・霍爾的外型,成為Roxy Music唱片封套「Siren」的造型。瑪葛・海明威則進入演藝圈,並在《Lipstick》一片中擔當演出。

閃亮的「黑色維納斯」

在1970年代模特兒歷史的發展，另外還有一項重要的轉變，那就是不同種族、不同膚色的模特兒，開始在國際時尚界活躍，這不但打破長久以來，模特兒界「金髮、碧眼、白膚」獨霸的局面，也為西方世界的時尚美帶來新的衝擊。雖然說，早在1920年代就已經出現黑人藝人活躍在西方流行時尚界的情形，其中最典型的例子，就是被譽為是「Ebony Venus」（黑色維納斯）的約瑟芬‧貝克（Josephine Baker, 1906-1975），不過她是以舞者的身分受人矚目，至於在國際時尚舞台，出現黑人模特兒走秀的身影，則一直要到了1960年代，這一切都是因為當「black is beautiful」概念被接受之後，黑人模特兒才逐漸受到關注。黑人模特兒首次被重用出現在伸展台，是在1966年由服裝設計師帕科‧拉巴納（Paco Rabanne）所舉辦的服裝發表會，由於這場服裝秀的成功，連帶促使其他設計師的跟進，開始安排黑人模特兒走上伸展台，自始黑人模特兒便有機會在時尚舞台與時尚雜誌中嶄露頭角。

模特兒瑪葛‧海明威（Margaux Hemingway）出現在 1975 年 6 月 16 日《TIME》的封面，該期並以「The New Beauties」為標題。

1976 年瑪葛‧海明威（Margaux Hemingway）出現在她所主演的電影《Lipstick》中。

1927 年被譽為是「Ebony Venus」（黑色維納斯）的約瑟芬‧貝克（Josephine Baker）。

當然說到第一位巨星級的黑人模特兒，則非娜歐蜜‧席姆斯（Naomi Sims, 1948-2009）莫屬，她是在1969年成為雜誌的封面女郎之後，隨即縱橫在1960年代後期至1970年代初期的時尚界，這位知名的模特兒，曾為了黑人女模特兒不受重視，相當感慨的說道：「黑人與女人也是必須受到尊重的有用之人」。緊接之後，出生於索馬利亞的模特兒伊曼‧阿布杜爾馬吉德（Iman Mohamed Abdulmajid, 1955-），也就是大家所熟知的「Iman」，她是在肯亞的部落被發掘，這位外交官的女兒，在進入模特兒界之後，很快的便成為一位擁有高酬勞的國際模特兒。除此之外，在1974年出現於美國《Vogue》雜誌封面的貝弗莉‧約翰遜（Beverly Johnson, 1952- ），更是打破黑人模特兒受到侷限的困境，在競爭的模特兒圈脫穎而出。還有一位，被譽為是「伸展台的黑人皇后」帕特‧克里夫蘭（Pat Cleveland, 1950- ），在伸展台上閃亮發光，尤其是她與金髮模特兒瑞莉‧霍爾（Jerry Hall）的雙人組，被稱為是伸展台的傳奇。

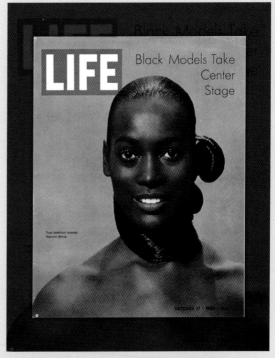

娜歐蜜‧席姆斯（Naomi Sims）出現在1969年10月17日《LIFE》的封面，該期刊物並以「Black Model Take Center Stage」為標題。

模特兒伊曼·阿布杜爾馬吉德（Iman Mohamed Abdulmajid），也就是大家所熟知的「Iman」，她在 2010 年出席代言活動。（圖片取自 Jennifer Su 所拍攝）

模特兒貝弗莉·約翰遜（Beverly Johnson）在 2007 年 10 月 29 日出席一場公益活動。（圖片取自 Christopher Peterson 所拍攝）

模特兒帕特·克里夫蘭（Pat Cleveland）出現在 1971 年 9 月份《L'OFFICIEL》的封面。

亞洲模特兒嶄露頭角

除了非裔的模特兒之外，以亞洲臉孔在時尚模特兒界嶄露頭角，一直要遲至1970年代才開始，其中最具代表的就是國際知名模特兒馬利・海威（Marie Helvin, 1952-），這位在1970到1980年代紅極一時的頂尖模特兒，出生於夏威夷，父親為美國人，母親為日本人。這位擁有東方臉蛋的模特兒，相當受到時尚界的寵愛，馬利・海威不僅出現在許多時尚雜誌擔任封面女郎，她也是國際級的日本服裝設計大師高田賢三（Talada Kenzo, 1939-）與三宅一生（Issey Miyake, 1938- ）等人，在挑選模特兒時的最愛。

亞洲臉孔的模特兒，能在國際伸展台大量的出現，當然與日本設計師在1970年代後期，開始在西方時尚界打開知名度有其必然的關係，由於這些設計師大量聘請亞洲模特兒在時尚發表會中走秀，以及他們在拍攝時尚形象照時，經常會選擇亞洲籍的模特兒，這也讓擁有東方面孔的模特兒，能有機會站在國際時尚界，開始嶄露頭角。

知名模特兒馬利 · 海威（Marie Helvin）出現在 1971 年 7 月份《Harpers-Queen》雜誌的封面。

「Elite」模特兒經紀公司的成立

至於模特兒經紀公司的發展，到了1970年代，露西·克萊頓（Lucie Clayton）結束在英國模特兒經紀公司的營運，取而代之是誕生並成為全球最具規模的模特兒經紀公司「Elite Model Management」。「Elite」這家模特兒經紀公司是由約翰·卡薩布蘭卡斯（John Casablancas, 1942-2013）於1972年在巴黎所成立的，由於該公司經營得當，不僅帶動其他的模特兒經紀公司跟隨而提升，也讓模特兒經紀公司成為時尚產業中的一項重要行業。「Elite」這家模特兒經紀公司所培育出來的模特兒相當多，例如瑞莉·霍爾、馬利·海威和克里斯蒂·布琳克莉（Christie Brinklet）等人，都是這個時代最具代表的模特兒。

「Studio 54」Disco俱樂部

在1970年代，除了模特兒經紀公司是模特兒聚集地之外，另外在一些知名的酒吧、舞池與俱樂部也經常可看見模特兒群聚的身影，當然這些場所也成為發掘模特兒的重要地點之一。其中最被津津樂道就是於1970年代後期，由安迪·沃荷（Andy Warhol, 1928-1987）在紐約所開辦的「Studio 54」Disco俱樂部，這個俱樂部被視為是當時模特兒的第二個家，許多模特兒都期望能進入這家俱樂部，尋求被發掘的機會，例如一些國際頂尖的模特兒像是瑞莉·霍爾、帕特·克里夫蘭（Pat Cleveland）、帕蒂·漢森（Patti Hansen）、馬里莎·貝倫森（Marisa Berenson）、艾爾莎·柏瑞蒂（Elsa Peretti）就經常出沒於此，而這也讓「Studio 54」Disco俱樂部，意外成為時尚焦點的重要場所。

1980年代

「非典型」雜誌的挑戰

1980年代的時尚媒體界是一個充滿熱情與活力的時代，因為在此時出現了一些以挑戰傳統為訴求的雜誌，如《The Face》、《i-D》和《Blitz》，這些強調創意的雜誌，提供給具有豐富想像力的服裝設計師，一個可以自由抒發設計已見的空間。這些雜誌所刊登的任何一個主題，都能很快成為國際時尚圈所關切的焦點話題。譬如，《i-D》雜誌就經常刊載街頭的流行照，以及出現在大街小巷真實人們穿著的畫面，而這些街頭流行的單元，很快就引起年輕人的模仿與學習，造成一股風潮。針對這種現象，《i-D》雜誌的時尚編輯卡琳·富蘭克林（Caryn Franklin, 1959- ）就直言：「我們只是很單純的去俱樂部和街上，從中發現穿著好看和有趣的人們來與讀者分享。」；「這些充滿創意點子的穿著，它們只是搶眼夠炫，並沒有特別去考慮商業上利益的問題。」另外，在《Blitz》雜誌的內容中，所出現的DIY概念也深深影響流行市場。還有，被譽為是「1980年代次文化聖經」的《The Face》雜誌，則是將英國的流行音樂和時尚文化相互結合，而成為許多人尋找靈感、挖寶的刊物。由於雜誌市場出現這種「非典型」的雜誌，不但衝擊過去的思維模式，也造就出一些不同以往的時尚人才。

《i-D》雜誌將 20 年所出版的刊物集結成書。

新一代設計師的時尚新規則

不僅是時尚媒體界提供一個「變」的場域，在1980年代所崛起的服裝設計師也充分發揮個人獨特的風格，開創出不曾有過的「反傳統時尚」。「一切都沒有一定的規則」，就成為這個時代流行時尚的信仰，當然時尚模特兒所呈現的時尚樣貌，以及時尚展演舞台所營造的氛圍，也就在設計師的主導下對應出這時代新的趨勢。以下就舉例幾位代表的設計師，細述他們主導下的點滴。

其一，將街頭文化運用在設計，以及把次文化發揮到極致的英國服裝設計師薇薇安‧魏斯伍德（Vivienne Westwood, 1941- ），就是崛起於這個時代。從她的設計作品我們看到街頭、造反和種族以及歷史服飾等議題，相互糾葛出現在流行時尚的伸展台上。每一季薇薇安‧魏斯伍德的模特兒都會採取不同的外觀，並呈現出不同的儀態與動作。例如，在1981年她讓模特兒神氣活現誇張地展現「Pirates」海盜風格（這場秀是在俱樂部Heroes演出的）；在1982年的她「Buffalo」風格，則是讓模特兒在伸展台上盡情的隨性跳躍旋轉，似乎是沒有刻意的安排。

其二，深受倫敦俱樂部與街頭影響的服裝設計師尚-保羅‧高緹耶（Jean-Paul Gaultier, 1952- ）也建立了一系列衝擊性的設計主題，不僅是他的設計強烈表達對傳統價值的批判，連他所選擇的模特兒也一樣是話題不斷，譬如性別倒置的扮裝、模特兒尖銳誇張的造型以及紋身。當然這也都是他展現個人設計創意的一部分。

其三，1982年由設計師史帝文‧史都華（Stevie Stewart）和大衛‧霍拉（David Holah）兩人合作組成的英國品牌「Bodymap」，也是以反傳統觀念作為自居，根據《i-D》雜誌〈ex-fashion〉的編輯卡琳‧富蘭克林（Caryn Franklin）對「Bodymap」品牌的評價：「那是第一次出現，有老的、年輕的、男的、女的一起走伸展台，而且都是一些非專業的模特兒。有一年歌手Helen Terry擔任模特兒走秀……那荒誕的氣氛讓人很想離開座位隨之起舞。」；「一切都是獨

特的，像他們這樣的設計師，受到俱樂部與街頭文化的影響，紛紛來到街上或是俱樂部，發現他們所要找尋的模特兒。我記得我去巴黎參加時尚活動時被問到，在倫敦所有的模特兒都跑去哪裡了？」

日本設計師的時尚風暴

在巴黎1980年代初期，日本設計師川久保玲（Rei Kawakubo, 1942-）建立品牌「Comme des Garcons」，這位日本設計師在個人的第一次服裝發表會，為巴黎的流行帶入到恐怖的氣氛之中，舞台燈光的閃爍，模特兒穿著無結構的黑色層次服裝，搭配吵雜刺耳不和諧的音樂，模特兒的臉被炭筆沾污、眼睛被塗黑、用繩線纏繞的黑色頭髮，擺脫一切的美麗。當時一位法國雜誌的編輯就怒斥：「這簡直就像日本廣島遭到核彈攻擊一樣悲慘。」許多觀眾來賓都被這場服裝秀的顛覆所震撼。

在日本設計師川久保玲之後，另一位日本設計師山本耀司（Yohji Yamamoto, 1943-），他也同樣對流行表現出個人激烈的想法。在他一次的服裝發表會中，模特兒穿著盾牌保護的服裝，嘴唇被藏在黑色沒有結構的纏繞布裡，模特兒整體表現是冷漠、無性慾的，這場秀一樣引起西方評論者的錯愕。對於山本耀司的設計，有評論家就認為他是透過模特兒的表現，試圖表達一個重點：「女性不需要長頭髮、大胸部、豐滿的形象來證明她們的女性本質」。

1991 年模特兒穿著日本設計師山本耀司（Yohji Yamamoto）走秀。（圖片由芙蓉坊雜誌所提供）

炫耀式的奢華排場

在1980年代時尚界除了有「另類導向」的發展之外，其實在另一方面，「擴大奢華」亦同步在發展中，而且發展的更加劇烈，因為高級時尚品牌的業主不再以單一區域為滿足，而是以全球佈局、國際市場為著眼，此時的服裝設計師，大量將他們的名字或品牌的名稱商標，與香水、配飾、化妝品等商品串連在一起，試圖將自己的時尚品牌，更普及到全世界每一個人的日常生活當中。透過媒體的力量，國際時尚發表會成為全球各地，共同引人注目的焦點新聞，每年兩次的高級時裝秀展，在衛星、電視和其他傳播媒體的媒介，將時尚展的相關訊息傳播到全世界。在1986年巴黎的時尚秀，有1,875位新聞記者以及150位攝影師所關注（這幾乎是1976年的四倍）。每一位服裝設計師都卯足全力、竭盡所能規劃出一場場要能驚喜、震撼的服裝秀，讓秀場上的服裝發表成為國際時尚流行的焦點，所以「嘉年華式」的奢華排場，就紛紛出籠。舉例而言，例如法國服裝設計師克洛德‧蒙塔納（Claude Montana）安排大批模特兒出現在煙霧乾冰中。法國服裝設計師蒂埃里‧穆勒（Thierry Mugler）則在1984年的時尚秀，大手筆在巴黎Zénith體育館搭建在可以容納6,000名觀眾的會場，作為秀場的場地。當然，這種炫耀式的賣弄，不僅出現在巴黎也出現在米蘭，例如設計師吉安尼‧凡賽斯（Gianni Versace）的時裝秀，則是秀身體多於秀服裝，又例如瓦倫蒂諾‧加拉瓦尼（Valentino Garavani）的模特兒模仿電影巨星。

重金禮聘專屬模特兒

此時設計師，更加積極徵召國際頂尖的模特兒與她們簽定合約，邀請她們來為自己的品牌建立國際的形象。例如卡爾‧拉格斐（Karl Lagerfeld, 1933-2019）為Chanel品牌，選擇擁有法國小姐頭銜的伊內絲‧德‧拉‧法桑琪（Ines de la Fressange, 1957- ）擔任模特兒。克里斯汀‧拉夸（Christian Lacroix, 1951- ）選擇氣質高貴的瑪麗‧瑟斯涅克（Marie Sezneck, 1958-2015）來擔當模特兒。伊夫‧聖羅蘭（Yves Saint-Laurent）選擇擁有神祕貴氣的露露‧德‧拉法萊絲（Loulou de la Falaise, 1948-2011）擔任模特兒。在國際時尚界以裁縫技巧著稱，出生於突尼西亞的設計師阿澤丁‧阿萊亞（Azzedine Alaia, 1935-2017），則特別選擇身材曲線相當曼妙的法里達‧凱爾法（Farida Khelfa, 1960- ）來擔任模特兒，藉由她身材的曲線，表現出彈性纖維布的性感魅力。當然這些模特兒都可說是一時之選，並成為服飾品牌最佳的形象代言。

不僅是服裝產業，連化妝品商也一樣邀請外型出眾的名模來擔任代言，其中最具代表的案例就是美國知名品牌雅詩蘭黛公司（Estee Lauder），簽下高知名度的模特兒寶麗娜‧波域斯高娃（Paulina Porizkova, 1965-）擔任該品牌的形象代言，10年付給寶麗娜‧波域斯高娃合約金就超過6百萬美金。

2014 年 10 月 30 日模特兒寶麗娜・波域
斯高娃（Paulina Porizkova）出席一場代言
活動。（圖片取自 David Sedlecký 所拍攝）

"supermodel" （超級名模）字眼的確立

正因為從1980年代中期之後，模特兒開始扮演起，決定時尚話題的重要角色，那些充滿魅力的模特兒，已足夠能成為支配時尚發展的關鍵人物。 "supermodel" （超級名模）這個字眼，總算在1980年代的後期正式被確定，當 "supermodel" 這個名詞在確立之後，瞬間大量出現在時尚相關的報導中，並且新增一個獨立的欄位，這也使得擁有 "supermodel" 這個身分的模特兒，與影星藝人、流行樂歌手一樣成為媒體的寵兒，躍升「上賓」之林。當模特兒的形象，不再只是普遍或是僅做為流行的替身，而是「超級」的時候，她們本身就是時尚的主體。對於 "supermodel" 所具有的意義，以及對經濟的影響，有經濟學者就認為，在1980年代的後期，當經濟陷入不景氣的時機，時尚產業也如其他的消費產業一樣，進入經營困難的階段，不過幸好此時超級模特兒就像是救世主般的適時出現，在她們所特有的魅力與美貌拯救之下，讓許多高級名牌總算可以維持不錯的業績。

"supermodel" 就在這個屬於廣告的年代裡，被廣告業引導進入生活的每一個面向。尤其是透過完美的包裝，將「濕潤的雙唇、光亮的秀髮、曼妙的身材、出色的氣質」與 "supermodel" 的概念，畫上了等號。而尤其是那一幅幅迷人身影的廣告畫面，出現在每個人看得見的公共場合中，讓眾人為之稱羨、為之流連，成功營造「每個女性期望能變成是她們；每個男性渴望能擁有她們」的夢想世界。

深究 "supermodel" 這個概念，其實是有源頭的，它是來自於一句不經意的回答，當時模特兒琳達·伊凡吉莉絲塔（Linda

Evangelista, 1965-）在回應媒體時輕率的說道：「我們有如此的表達，Christy和我，我們是不會為了低於1萬元美金的酬勞而起床。」（ "We have this expression, Christy and I: We don't wake up for less than $10,000 a day." ）這也讓 "supermodel" 一詞有了明確的概念，就是指「高薪的時尚模特兒」，自此一語便成為媒體常用的片語、慣用語、成語。

「這一切似乎都是因為錢而有了改變」。的確，回想19世紀高級女裝之父查爾斯・弗雷德里克・沃思（Charles Frederick Worth）支付給模特兒的薪水是按照清潔工的標準，因為她們的名譽是不佳的，沒想到經過一百多年之後，模特兒也能變成是「超級的」，而且她們賺得一年比一年多，甚至超越搖滾樂巨星，或是好萊塢的藝人。名望、財富、權力、美麗通通集於一身。超級模特兒因為漂亮的外表而成為名人，她們成功地呈現出一般人根本的夢想，而所擁有的名望與財富，也是過去在開始有巨星級模特兒（如Twiggy、Barbara Goalen和Jerry Hall等人時），她們所沒有辦法想像，以及相提並論的。

從1980年代後期開始，超級模特兒她們代表了所有美的重要特質，根據英國版《Vogue》雜誌編輯莎拉・莫（Sarah Mower）在1990年封面介紹傳奇性的超級模特兒時，所寫到：「從Christy Turlington驚人與巨大的噘嘴，到Tatjana Patitz像貓一樣的睡眼、Linda Evangelista男性化帥氣的平頭，到Cindy Crawford嘴角上的痣，或是Naomi Campbell的淘氣露齒而笑，她們都強調出個人的獨特性」。雖然她們各有自己的特色，但每位都是超級的模特兒。

![allure magazine cover]

allure

JUNE
1991 $2.50

**Forthright
HAIR**

**Secrets of Top
PLASTIC
SURGEONS**

**Behind the
Scenes on the
PARIS
RUNWAY**

**CONTROL
YOURSELF:**
The Girdle
Makes a
Comeback

The Complete
Guide to
**MAKEUP
LESSONS**

Relaxed Summer
BEAUTY

超模琳達 · 伊凡吉莉絲塔（Linda Evangelista）
出現在 1991 年 6 月份《allure》的封面。

五位超模的傳奇

說到這個時代最具代表的 "supermodel"，有克勞迪婭‧雪佛（Claudia Schiffer）、辛蒂‧克勞馥（Cindy Crawford）、克莉絲蒂‧杜靈頓（Christy Turlington）、琳達‧伊凡吉莉絲塔（Linda Evangelista）、娜歐蜜‧坎貝兒（Naomi Campbell）等人，針對她們的傳奇概說如下：

克勞迪婭‧雪佛是在Dusseldorf的迪斯可夜總會被發掘（當時她還是個青少年），爾後這位擁有金髮、曲線美的性感尤物，便讓許多男士為她著迷，甚至成為美麗幻想的對象。透過攝影師埃倫‧馮‧沃絲（Ellen Von Unwerth, 1954- ）的鏡頭，克勞迪婭‧雪佛成功地為「Guess」這個品牌的牛仔褲塑造出「Guess Jean girl」的形象。當服裝設計師卡爾‧拉格斐（Karl Lagerfeld），找克勞迪婭‧雪佛（Claudia Schiffer）來擔任「Chanel」品牌的代言人之後，更大大提高她代表高級時尚的形象，當然克勞迪婭‧雪佛也變得更有財富，在1991年克勞迪婭‧雪佛就擁有價值1千2百萬美金的身價。知名的服裝設計師帕科‧拉巴納（Paco Rabanne）有一次在面對媒體談到克勞迪婭‧雪佛時，他對於她有如此形容：「她是什麼？她是個完美的衣架子。」

2007 年克勞迪婭‧雪佛（Claudia Schiffer）參加一場公開的活動。
（圖片取自 Georges Biard 所拍攝）

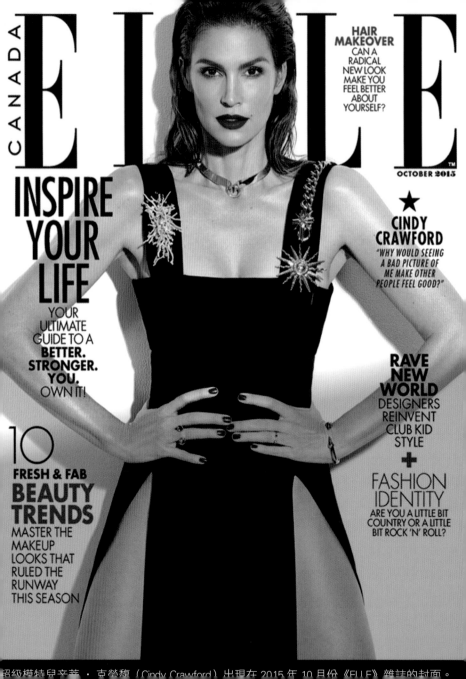

超級模特兒辛蒂・克勞馥（Cindy Crawford）出現在 2015 年 10 月份《ELLE》雜誌的封面。

辛蒂・克勞馥（Cindy Crawford）出生於加州的Cynthia Ann，父親是電氣工；母親則是在銀行擔任出納員。她曾在1988年擔任過花花公子的玩伴女郎，是許多男士的心儀對象。在1991年出現超過300種雜誌的封面，並活躍於國際時尚秀的舞台上。工作認真而專業的辛蒂・克勞馥，她的美給人帶來深刻印象。而她也是被許多美國年輕女孩當成是夢想的名模。

克莉絲蒂・杜靈頓（Christy Turlington）擁有一半薩爾瓦多的血統，父母親是加州核桃溪市的飛行員與空中小姐。她曾為「CK」這個品牌擔任過3年的模特兒，所得佣金有1千2百萬美金之多，在1989年當她與「CK」中止合約之後，隨即把頭髮剪短，而這個舉動也引來模特兒圈的震撼，沒想到這原本不被看好的造型，反而讓克莉絲蒂・杜靈頓的模特兒生涯有更好的發展，顯示克莉絲蒂・杜靈頓的選擇是對的，甚至因此還引發時尚流行一股追求短髮的熱潮。

超模克莉絲蒂・杜靈頓（Christy Turlington）出現在 2001 年 1 月份《Harpers-Queen》雜誌的封面。

琳達‧伊凡吉莉絲塔來自加拿大中產階級的家庭，她剛開始擔任模特兒時與店員一樣，一個小時只賺取廉價的8塊美金。不過琳達‧伊凡吉莉絲塔在參加尼加拉瓜青少女選美小姐盛會之後，前往巴黎發展，人生與工作就有了轉機，她相當認真從書本中學習模特兒每一個動作和有關時尚的資訊，根據她的先生杰拉德‧馬力（Gérald Marie）所說：「她對於成功十分渴望，她不是最漂亮的，但是她想要讓自己成為是最好的」。

娜歐蜜‧坎貝兒（Naomi Campbell）出生於倫敦南部，這位擁有舞蹈專業背景的名模，是第一位登上法國《Vogue》封面的黑人模特兒。在她第一次為美國《Vogue》拍照，嘴上貼假鬍子、擺出男孩子姿態，經由這張時尚照的曝光，娜歐蜜‧坎貝兒就讓時尚界對她開始產生更多的注意。至於讓娜歐蜜‧坎貝兒真正的竄紅，其實要得力於時尚攝影師Steven Meisel的鏡頭，Steven Meisel安排模特兒琳達‧伊凡吉莉絲塔、克莉絲蒂‧杜靈頓和她穿著不修邊幅的內衣，拍攝一幅三人在一起的時尚照，而很快的，這種三人成一組的模式，就成為許多雜誌與設計師仿效的模式。當然她們三人在一起的組合，被視為模特兒圈最有力量的組合體。

琳達‧伊凡吉莉絲塔（Linda Evangelista）1996年為「Gucci」服裝展走秀。（圖片由芙蓉坊雜誌所提供）

娜歐蜜 · 坎貝兒（Naomi Campbell）左，出現在 1995 年 5 月份《THE FACE》的封面。

超模的超級待遇

「一切似乎都與金錢有關」，在1970年代稍具知名的模特兒，還要經常自己來處理頭髮，一場秀下來也只拿到50英鎊的酬勞，然而在1980年代一位超級模特兒，30分鐘的伸展台演出則往往可以拿到3萬英鎊。兩者相差高達600倍之多。名模克莉絲蒂·杜靈頓為「CK」擔任代言是3百萬美金。克勞迪婭·雪佛的代言大約是1千2百萬美金。由金錢所衍生出來的權力，讓這些超級模特兒享受到巨星般規格的生活，例如她們擁有豪華的私人交通工具帶她們行走各地，她們戴上墨鏡一身高級名牌，有私人保鏢貼身保護、有私人祕書幫她們處理粉絲的信件、有專屬會計師為她們處理收入所得，甚至在週末還有屬於她們的卡通節目「Private Eye」，以及出現以她們量身訂製的芭比洋娃娃。可說是集財富、權力、焦點於一身的傳奇人物。

超模本身就是一個超級品牌

法國《Vogue》稱超級名模為「Les top du top du top models」。這些超級名模的聲望被允許跨足到其他的領域，她們所到之處一樣成為焦點人物、一樣成為主要的賣點，例如辛蒂·克勞馥（Cindy Crawford），成為MTV時尚節目「House of Style」的主持人。娜歐蜜·坎貝兒，出唱片並在Spike Lee的電影《Girl 6》客串演出。克勞迪婭·雪佛，則出版日記以及推出錄影帶，而且都成為熱銷的產品。

超級模特兒的現象像滾雪球般在全球快速擴張、蔓延，美麗與技巧只是帶給她們成功的一小部分，而更重要的是她們已成為這個時代，被拿來作為時尚美學最具代表的流行圖騰。超級模特兒雖然像是個謎，充滿許多神祕與夢幻，令人好奇也令人遐想，不過在現實社會中，由於她們的名字、臉蛋、身體大量出現在媒體，營造出本身就是一種高級品牌的消費概念，她們的聲望不斷提升、收入也不斷提高，符合「曝光越多，收入越高」的邏輯，也驗證了「她們的身價雖然是如此昂貴得高不可攀，但她們的蹤跡與倩影，卻又是如此的通俗易而可見」。

海倫娜 · 克莉史汀森（Helena Christensen）
1995 年為「D&G」服裝展走秀。
（圖片由芙蓉坊雜誌所提供）

10 1990年代

「超級名模王朝」就此成形

早在1988年，琳達·伊凡吉莉絲塔（Linda Evangelista）和克勞迪婭·雪佛（Claudia Schiffer）這兩位國際頂尖的模特兒，就被冠上 "supermodel"（超級名模）的封號（這要算是最早擁有此項封號的模特兒）。但很快地，緊接而來的娜歐蜜·坎貝兒（Naomi Campbell）、克莉絲蒂·杜靈頓（Christy Turlington）和塔嘉娜·帕迪斯（Tatjana Patitz）三人也隨後跟進，成為了超級名模五人組，後來又有海倫娜·克莉史汀森（Helena Christensen）、雅斯門·樂·朋（Yasmin Le Bon）、史蒂芬妮·西摩（Stephanie Seymour）三人的加入。到了1990年代，新崛起的國際知名模特兒凱特·摩絲（Kate Moss）、曲絲·高芙（Trish Goff）和裘蒂·潔德（Jodie Kidd）等人，也加入到名模的行列，至此便完成了1990年代初期超級名模的陣容，而「超級名模王朝」就此成形。

正因為超級名模是1990年代時尚品牌宣傳的保證，這也使得服裝設計師不敢輕忽、怠慢這些行情看俏的名模，甚至還要不斷吹捧呵護她們，極力與她們保持良好的關係。例如：服裝設計師吉安尼·凡賽斯（Gianni

Versace）在1990年代初期所出版的《en masse》，就特別注意到超級名模在書中所占的版面。

當然，在此名模極盛的時代裡，許多國際知名的服裝設計師，也必須積極爭取心儀的超級模特兒，來跟他們合作，為他們的設計代言，以拉高個人品牌的地位，建立時尚權威的形象。誠如國際知名設計師瓦倫蒂諾‧加拉瓦尼（Valentino Garavani）在1991年於《Sunday Time》所說：「我喜歡她們是因為我喜歡她們具有明星的身分」；「她們必須走路、展示，並且要不斷的變化她們走路的姿勢，這就是我經常所說的，她們不僅要成為巨星，更要成為Valentino品牌的女性。」

頂尖超模是「恐怖的吸錢機」

在1980年代時尚秀的報導，主要是針對服裝的剪裁與布料，進行嚴肅平實的報導，但是到了1990年代就出現大幅度的改變，時尚訊息報導的重點開始轉向，將焦點調整到台下超級名模的一舉一動，例如：模特兒琳達‧伊凡吉莉絲塔扮鬼臉，模特兒娜歐蜜‧坎貝兒的發怒和在伸展台上吃東西，這些畫面都成為時尚報導主要的內容，而原本應該是主角的服裝與設計，則反成為次要的地位。由於時尚秀的報導，經常將焦點集中在超級名模個人的身上，這也使得設計師的精心設計被忽略，淪落為陪襯的配角。對於這種失焦的情形，甚至引來一些設計師的憤慨與不滿，由於又加上超級模特兒所收取的酬勞是如此高得離譜，這都加深設計師對名模的不滿，視超級名模為「恐怖的吸錢機」。

從超級名模收取過高酬勞一事來看，以美國模特兒為例，有知名度的模特兒，在1940年代平均一天賺25美金，但是到了1970年代她們則提高到5,000美金，增加有200倍之多，到了1990年代，設計師吉安尼·凡賽斯（Gianni Versace）在米蘭展，則需支付給每位超級模特兒的酬勞平均高達3萬英鎊，一位頂尖超級模特兒的年薪經常超過250萬美金。針對超級模特兒「拿太多的酬勞以及對錢的態度」，媒體界與經紀公司也做出負面的評價。例如，在1993年《Daily Mail》寫到：「The myth of the supermodel was built on foundations where sex could be flattened and twisted into something we call beauty was twisted and starved into the image of a coat hanger. A coat hanger from hell.」又例如，「Elite」模特兒經紀公司對超級模特兒娜歐蜜·坎貝兒提出中止來往的聲明：「Please be informed that we do not wish to represent Naomi Campbell any long. No amount of money or prestige could further justify the abuse that has been imposed on our staff and clients. All who experienced this will understand.」

時尚舞台下的八卦

當然超級模特兒不僅在工作或是舞台上成為聚焦的對象，在平時她們個人私生活的一舉一動，也是媒體所關注的話題。例如名模娜歐蜜·坎貝兒突然離開職業拳擊手男友麥克·泰森（Mike Tyson）馬上成為新聞的頭條，新聞並以大篇幅刊登麥克·泰森的聲明：「她有好的男朋友，她沒有什麼好害怕」；「那就是我喜歡她的原因」。名模琳達·伊凡吉莉絲塔（Linda Evangelista）在與杰拉德·馬力（Gérald Marie）離婚之後，隨即與美國演員凱爾·麥克拉蘭（Kyle Maclachlan）在一起，這也

同樣成為熱門的新聞。還有名模克勞迪婭‧雪佛與知名魔術師大衛‧考柏菲（David Copperfield）的結婚和離婚，都成為全世界狗仔隊拍攝追逐的焦點。

模特兒形貌的兩大分歧

說到1990年代國際模特兒形貌的特色，這個時期出現兩大分歧的發展：

其一是，依舊延續過往，強調令人驚豔的美豔型模特兒。例如來自丹麥擁有曲線柔美的身材、豐滿胸部的模特兒海倫娜‧克莉史汀森（Helena Christensen, 1968-）；來自美國俄克拉荷馬州，擁有漂亮金黃色頭髮的琥珀‧瓦萊塔（Amber Valletta, 1974-）；擁有漂亮暗色頭髮的莎琳‧夏露（Shalom Harlow, 1973-）；以及身高6英尺擁有細長雙腿、充滿魅力的模特兒娜嘉‧奧爾曼（Nadja Auermann, 1971-），這些模特兒進入時尚伸展台，為頂尖模特兒的美麗陣容再添一筆。

其二是，一反過往的標準，強調自我特色的個性型模特兒。這種個性化模特兒的產生，是受到歐美文化界吹起「將年輕率真與生活寫實融合」的影響所致。國際模特兒界之所以出現這種新穎的風貌，它似乎有意藉由「平凡的自我」，來反抗長期以來，流行時尚界所關注的高級消費主義。這種「將年輕率真與生活寫實融合」，所形成強調年輕活力與率性作為的調性，是從美國西雅圖市偏僻處的「Grunge」樂風，一路擴散到全世界不同的地區，甚至也切入到模特兒圈，進而在國際模特兒界另闢一條生路。這種時尚形象革命性的改變，就像戲劇般地衝擊到1990年代，在法國還以「la generation nulle」一詞來稱呼。對於這種改變，瑪麗恩‧休謨（Marion Hume, 1962-）就在《The Independent on Sunday》中特別提到：「過去人們用精緻修飾和清新出色來觀看時尚，現在一切都不一樣了，支配時尚的人似乎看起來不再那般聰明，當今走紅的模特兒她們多半是未經粉飾的，看起來也都不是那麼搶眼」。

「非典型」模特兒的出道

這些「非典型」的模特兒，特別集中在「英國」與「美加」兩地，也因此就將它分成「英國地區」與「美加地區」兩個地區，分別介紹兩地最具代表的模特兒：

在「英國地區」。第一位是「身材瘦長、臂腿細長、深幽輪廓」的凱特・摩絲（Kate Moss）。第二位是曾在大賣場Tesco擔任收銀員，長相平凡的蘿絲玫里・弗格森（Rosemary Ferguson）。第三位是擁有男孩骨架的莎拉・莫瑞（Sarah Murray）。第四位是古怪冷漠、叛逆孤傲的史蒂娜・坦娜特（Stella Tennant）。

這四位模特兒，她們是在1990年代初期，在一群倫敦攝影師與造型師的引導之下而闖入時尚界，不過當時還被時尚圈嘲笑說：「這是一場意外」。

在「美加地區」。第一位是相貌普通、瘦材如骨的克里斯汀・麥克梅奈米（Kristen McMenamy）。第二位是曾經是個Punk族，頭上有紋身的加拿大模特兒埃芙・薩爾維爾（Eve Salvail）。第三位是擁有一半東方血統，曾經是一名修理工的珍妮・清水（Jenny Shimizu）。

這三位強調自我個性化的模特兒，由於她們的崛起，確實為僵化的模特兒準則帶來相當大的衝擊，這也讓整個國際模特兒的發展有了煥然一新的風貌，並向世人宣示：「時尚舞台絕非高䠷或貌美可以獨占的」。

年代經典的超模凱特·
摩絲（Kate Moss）

若要問起：「到底哪一位名模最能代表1990年代年輕率真的時尚形象？」這個答案，毫無疑問一定就是超級模特兒凱特·摩絲（Kate Moss）。凱特·摩絲是在1990年代初期所崛起的英國模特兒，她來自倫敦Croydon，5呎7吋的骨架，瘦得像是個皮包骨，還帶著一雙弓型的腿，在19歲闖入時尚界。模特兒凱特·摩絲與過去那種散放閃亮光芒的巨星級模特兒，剛好形成強烈的對比，她看起來就像是一位鄰家女孩，一點都不起眼，絲毫沒有過去大家所認定，一位超級模特兒該具備的份量與架勢。

凱特·摩絲和她凌亂的頭髮、蒼白的肌膚、散漫的動作、不在乎的表情，以及身上穿著就像是剛從自家衣櫃隨便拿起來的衣服，這些影像是如此的逼真寫實，一一出現在時尚攝影師的鏡頭前。

凱特·摩絲這種獨具特色的形象，從流行雜誌《The Face》到國際時尚的伸展台，到處都可見到她的蹤影，甚至她還擔任「CK」服飾品牌的廣告代言人，並且順利登上《Harper's Bazaar》的封面。對於這位充滿傳奇性的超級模特兒，在她被媒體問到有關進入時尚界擔任模特兒的心路歷程時，凱特·摩絲相當個性化且不當一回事的說道：「那是所有好笑的開始」；「我開始擔任模特兒是因為在Croydon沒有可以做的事，所以就跑到倫敦發展，我非常喜歡和攝影師一起工作一起拍照、一起到夜店，然後搭夜車回家。」不過，對於這位看起來是如此平凡的女孩，她在擔任「CK」服飾品牌模特兒的兩年內，卻為自己賺進了高達200萬美元的合約金。

當凱特·摩絲成功地在時尚模特兒界創造出驚人的奇蹟時，它也連帶使得個性化的模特兒能受到歡迎，並且大放異彩，在此趨勢影響下國際時尚界開始湧現出大量不同類型的模特兒，這些模特兒每個人看起來是如此的不同，各自都有屬於個人獨特的魅力，當然這種「多元性」的發展，其結果就是改變了國際時尚模特兒圈長期以來對美標準的一致性。

以名模凱特 · 摩絲（Kate Moss）為主題所出版的專書。

11 2000年代

向瘦模說「NO！」向健康說「YES！」

2006年8月，來自南美洲的22歲模特兒露西爾·雷莫斯（Luisel Ramos, 1984-2006）三個月內只吃蔬菜和低熱量可樂，最後死於營養失調及心臟病。2006年11月14日，骨瘦如柴的21歲巴西模特兒安娜·卡洛琳娜·瑞斯頓（Ana Carolina Reston, 1985-2006）死於神經性厭食症、腎功能不全症及敗血症，依據法新社報導，她的BMI值是13.2，遠低於正常的BMI最低值18.5。

這些一連串令人怵目驚心的事件，震驚了全球的時尚界，各國時尚相關單位紛紛提出對策，以消弭時尚界「瘦即是美」的迷思。首先在2006年歲末的12月22日，義大利政府與時尚業界，齊同簽署了一份「防止模特兒犧牲健康保持身材」的自律規範，在這項規範當中，要求模特兒必須提出沒有飲食失調的醫師證明文件，否則禁止參加時裝展的走秀演出，另外該規範對業者也要求不得起用未滿16歲的模特兒，以防止低齡模特兒。這項規範並且還要求業者增加生產大尺碼服裝，來符合實際的需求，以及鼓吹起用「健康、陽光、大方的地中海型模特兒」，以期能重建女性美的新標準。

對於模特兒太瘦而採取具體的矯正，其實早在2006年西班牙馬德里所舉行的時尚週就已經看到端倪，馬德里時尚週在9月份的這次服裝展，首次禁用身體質量指數（BMI）低於18的過瘦模特兒，而這項措施的推行，隨即引起國際時尚界相當大的關注，因為它被認為可能是本世紀改變女性美的重要轉折點，許多趨勢觀察家評論，若此事件產生效應，其勢必會嚴重衝擊到服飾產業的發展與走向。

在2006年國際時尚界所掀起的「禁用過瘦模特兒走伸展台」聲浪，到了2007年其發展又如何？首先讓我們來一看西班牙吧！馬德里時尚週的主辦單位，有鑑於2000年1月份時，有一名時尚模特兒為了保持身材長期減肥，而出現危及身體的情形（身高180公分的模特兒，為了維持纖細的身材，長期減肥，也因此導致厭食症，瘦到只剩下30公斤，由於骨質空洞，注定這輩子都得待在輪椅上度過），特別提出對策。在活動前夕，主辦單位為了避免因為激瘦所造成的歪風，特別採取一項措施，那就是在2月11日

緊急發表一項重要訊息：「原訂有69位參加時裝秀演出的模特兒，將有5位模特兒因為體重過輕被排除在名單之外，不能擔任服裝秀的演出。」在南半球的澳洲，雪梨時尚週的主辦單位也於3月5日表示，他們將追隨部分歐洲國家的腳步，禁止過瘦模特兒走上伸展台，因為他們不希望看到年輕女孩以任何方式傷害自己，該主辦單位並表示，預定4月30日至5月4日在雪梨所舉行的時尚秀，健康體重指導原則，將和西班牙與義大利所公布的條件相類似。緊接在西歐的英國，於9月15日所登場的倫敦時尚週，主辦單位亦特別提出「禁止過瘦、營養不良的模特兒，以及年紀小於16歲的模特兒上伸展台走秀」的建議報告，主辦單位還根據之前米蘭時尚秀委員會所提出的執行準則，希望本次倫敦時尚週也能跟進，以改變外界對於只有身材爆瘦的模特兒才能走秀的刻板印象。英國時尚委員會還表示：「米蘭已經有執行準則，目前他們正準備執行，而這些建議也出現在報告中。」該主辦單位更進一步表示，模特兒要在倫敦時尚週走秀，必須提出身體健康報

告，確認每位模特兒沒有飲食問題，倫敦時尚週主辦單位希望這樣的新規範，能有效阻止模特兒飲食失調的問題。不過根據統計，目前仍多達40%的模特兒有飲食失調的問題。

「要時尚美更要健康」

受到這波全球「反激瘦運動」的影響，穿8號的英國模特兒凱莉·海瑟兒（Kelly Heather），順利獲得《星期泰晤士報》拍時裝照的機會（過往這種身材是很難有機會），21歲來自倫敦南部的凱莉·海瑟兒說：「許多男士告訴我，他們更喜歡有曲線的女人，不但看來比較自然、也更有女人味，太瘦的女人並不能吸引他們。」凱莉·海瑟兒說：「超級名模辛蒂克勞馥走紅多年，她也沒有瘦到只剩骨架，希望時裝界能走回辛蒂克勞馥的路線」。

不僅在秀場內模特兒的瘦引起國際時尚界的軒然大波，在9月份義大利米蘭時尚週期間，於秀場外也出現一則「向厭食症說不」的廣告，這則令人怵目驚心的廣告，是一位女性厭食症患者全裸入鏡，她皮包骨的身材直接暴露在觀眾眼前（這位全裸入鏡的女主角是一位27歲的法國演員，從13歲起她就罹患厭食症，165公分的身高，體重卻只有31公斤）。這則引起國際媒體關注的廣告，似乎在向長期以來時尚界所追求「越瘦越好；瘦即是美」的審美價值，提出對抗，希望能藉此修正模特兒身材的標準，樹立「時尚美也要兼顧健康」的新價值。

時尚界響應抵制「瘦模」的歪風

對於「瘦模」的歪風；以及「瘦即是時尚美」的迷失，義大利知名品牌PRADA在2007年9月份的義大利米蘭時尚週中，由第三代掌門人繆西亞·普拉達（Miuccia Prada, 1949- ），親自挑選穿著8號服裝的荷蘭模特兒走秀，藉此表達對「反瘦」的支持。這位23歲的模特兒身高178公分，三圍分別為34-24-35，比一般所謂的「零碼」模特兒（31.5-23-32）足足大了一圈。這也讓本屆義大利時尚週的媒體報導，都將焦點集中在這位「大號」的模特兒身上。時尚觀察家預測，這項動作將對其他時尚品牌產生相當程度的影響，其衝擊可媲美賣座電影《穿著Prada的惡魔》（The Devil Wears Prada）。

在2008年初，西班牙兩家時裝公司Zara和Mango，同意在商店櫥窗陳列38號（美式8號）以上的人體模型，並同意不拒賣大尺碼的服裝，讓這些「大號」衣服也能掛在商店門口，以避免歧視肥胖女性。西班牙當局也規定，走秀的模特兒「身體質量指數」最低為18。另外，在4月9日法國時裝界，共同簽署一項「降低雜誌、廣告，以及伸展台上模特兒形象的不良示範」法案。早在2007年，法國衛生部就成立了一個工作小組，草擬「反過度節食」法案的指導方針。經過一年多的運作，法國時裝界、廣告公司與媒體主管，與衛生部長共同簽署這份同意書，並號召全球對抗暴瘦的惡風與厭食症的問題。在這項法案中規定，凡是鼓勵他人過度節食與瘦身，造成對大眾生命安全的危害，將被罰24,000英鎊並監禁2年；如果有人因此喪命，罰金會上升到45,000英鎊並囚禁3年。法國這代表時尚霸主的國家，也因此成為全世界第一個用嚴謹的法律手段，來制裁過瘦與厭食症的國家。這項「反過度節食」法案是由法國國會議員所提出並陳述：「我認為這項法案很重要，但想透過法律完全制止這種現象仍有困難，因為我們無法直接指出這些價值的幕後操縱者。過瘦的價值是一種精神奴役，許多時尚雜誌都必須檢討。」造成厭食風氣

的幫凶時尚雜誌，也成了眾矢之的遭到檢討。衛生部長還特別提到：「在很多部落格，年輕女性將自己消瘦的照片貼在網路上，鼓勵其他人以此為榜樣，這種不健康的行為需要被關注。」法國時裝超級模特兒與時裝界權威人士也紛紛響應，很多人都願意參加相關宣傳活動，以推廣健康的身體形象，並且希望能透過資訊分享提升大眾認知，避免使用「易助長過瘦典範的模特兒，特別是年紀愈小的人」，共同打擊「暴瘦病態美」的歪風。

娜歐蜜・坎貝兒（Naomi Campbell）的社會新聞

在2000年代裡，不僅是模特兒的身體健康成為公共議題被關心，連模特兒的私生活也不被放過，尤其是頂著超級名模光環的模特兒，她們的一舉一動更成為媒體緊盯不放的焦點。稍早在2007年3月份，受到國際時尚媒體最為關注的焦點話題，倒不是哪位設計師又推出如何具有創意的時尚設計，也非時尚圈又出現如何重大發展的訊息引起注意，而是在時尚界素有「Black pearl」（黑珍珠）之稱的超級名模娜歐蜜・坎貝兒（Naomi Campbell），於2006年3月為了找不到一條牛仔褲，把手機扔向女傭而遭到傷害的控告，這則曾在當時造成國際轟動的社會要聞，延續到2007年，娜歐蜜・坎貝兒總算被法院宣判，她必須從事社區服務的勞動，以及需要參加情緒控制課程的講習，並且還要賠償女傭363美元的醫藥費。時尚媒

體得知此訊，當然不會放過，把焦點全放在娜歐蜜‧坎貝兒5天的社區勞動服務，到了3月19日當天，娜歐蜜‧坎貝兒果真如預期的前往清潔隊報到，在淪為紐約市清潔工的第一天，娜歐蜜‧坎貝兒依然相當重視外表形象，一身黑色勁裝打扮十分時髦，戴著名牌貝雷帽加上墨鏡和超細的高跟鞋，左肩還背了一雙打掃時要穿的戰鬥靴，現場出現大批國際媒體蜂擁前來報導（當然也包括時尚媒體的記者），這一天娜歐蜜‧坎貝兒的打扮，全身名牌的行頭，加一加超過美金25,000元。最後在結束5天掃地清潔的社區服務之後，娜歐蜜‧坎貝兒（穿著「D&G」的閃亮晚禮服，腰間束著超寬的金屬腰帶，腳踏5吋高跟鞋，婀娜多姿、搖曳生姿的走出衛生局，並且在眾多媒體與閃光燈前，神采奕奕地展現迷人的風采，宛如把衛生局外，當成是星光大道。在這連續的5天裡，衛生局外成了娜歐蜜‧坎貝兒個人的時尚舞台，就像是在上演一場場名模的實境秀，而透過國際媒體的傳播，以及全球新聞網的傳送，讓這則原本是社會新聞變成時尚味十足的要聞，也讓世人見識到頂尖名模的魅力。

法國總統的名模之戀

在二十一世紀的2000年代裡，不僅從社會新聞中看見名模發功的魅力，同樣在政壇也出現名模的芳蹤，而事件的男主角，就是在2007年5月上任的法國總統尼古拉‧薩科吉（Nicolas Sarkozy, 1955-），素有「時尚總統」稱號的尼古拉‧薩科吉，10月才與曾是模特兒的第一夫人瑟西莉雅‧

2001 年的娜歐蜜 ‧ 坎貝兒（Naomi Campbell）。
（圖片由芙蓉坊雜誌所提供）

2016年8月5日巴西名模吉賽兒‧邦臣（Gisele Caroline Nonnenmacher Bündchen）走秀的畫面。
（圖片取自 Fernando Frazão/Agência Brasil 所拍攝）

亞提亞斯（Cécilia Sarkozy, 1957-）宣布離婚之後，隨即就與也曾經是名模的卡拉‧布魯尼（Carla Bruni, 1967-）一同雙雙出遊的消息，而這一位與法國總統形影相隨，先後遊歷迪士尼與埃及的焦點人物，在模特兒界其實也非等閒之輩，她曾經是全球模特兒圈收入排行榜前20名的超級名模。兩人並在2008年的年初閃電結婚，為政壇的花邊新聞增添了一則喜訊。

全球最富有的模特兒

說到超級名模驚人的收入，根據美國知名財經雜誌《富比世》（Forbes）在2007年的調查，好萊塢男星李奧納多‧狄卡皮歐（Leonardo DiCaprio, 1974- ）的前女友，巴西名模吉賽兒‧邦臣（Gisele Caroline Nonnenmacher Bündchen, 1980-），成為全球最富有的模特兒，而她單在2006年的收入就已高達3,300萬美元，使她在當時的身價總值達到1.5億美元，在世界百位首富裡排名第53位。雖然英國名模凱特‧摩絲（Kate Moss）緊追在後，但全年收入還不及模吉賽兒‧邦臣的三分之一，只有900萬美元。

排行榜第一名的名模吉賽兒‧邦臣她出生於1980年的巴西，當年和朋友在麥當勞速食店用餐時，被星探挖掘，她姣好的身材與臉孔，加上充滿性感的魅力，使得她受邀擔任代言能持續不斷，吉賽兒所代言的時尚名牌包括Dolce & Gabbana、Roberto Cavalli等，以及美國知名內衣品牌「維多利亞的祕密」（Victoria's Secret）。另外，電腦商Apple也曾以超高的酬勞，找她來拍攝新系列「Macintosh」的「Get a Mac」廣告。而她還擁有屬於自己所設計的涼鞋商品「Ipanema」，並為該項品牌擔任代言，而其中她所推銷的「人字拖鞋」款式，還引發國際時尚的流行風潮。這位相當懂得理財的「全球最有錢模特兒」，在2007年8月與「潘婷」護髮系列洽談產品代言，以及在10月與香水廠商談及代言時，因據說她指定要歐元不收美金，還引來國際媒體界的譁然。

12 2010年代

頂尖超模財富比一比

眾所周知，「超級名模的知名度與她們的收入是成正比的」。
換而言之，世界超級名模的排名也與其個人的身價及收入有直
接的關聯，所以說，要瞭解世界超級名模的排行榜，看看她們
的收入狀況便能略知一二。根據美國知名財經雜誌《富比世》
（Forbes），所公布的2009年6月至2010年6月間，世界頂尖
模特兒收入的排行，我們得知前四強的頂尖超模，與先前2006
年所公布的超模名單是一模一樣。

第一名依舊是巴西名模吉賽兒‧邦臣（Gisele Caroline
Nonnenmacher Bündchen），她繼續穩坐后座，算得上是
2006年以來至2010年的「世界第一超模」。至於此次的第二與
第三名，與2006年所公布的排序剛好對調，海蒂‧克隆（Heidi
Klum）向前擠進第二強，凱特‧摩絲（Kate Moss）則向後退
了一名，屈居第三。

名模吉賽兒 · 邦臣（Gisele Caroline Nonnenmacher Bündchen）為知名品牌「CELINE」
代言的形象廣告。

說到超級名模海蒂‧克隆（Heidi Klum），她的知名度與廣告代言的曝光率都相當高，海蒂‧克隆除了為可口可樂、大眾汽車、麥當勞和LG等知名品牌代言之外，並主持了2006年德國世界杯足球賽的分組抽籤儀式，以及參與德國超級名模生死鬥（Germany's Next Topmodel）和主演電視劇《決戰時裝伸展台》（Project Runway）的演出，而且也是國際知名內衣品牌「維多利亞的祕密」（Victoria's Secret）最主要的模特兒之一。

排序第四名的依然是巴西名模阿德瑞娜‧利瑪（Adriana Lima），這位身材火辣的南美超模，從2005年頻繁出現在各大時尚雜誌的封面，加上她成為「維多利亞的祕密」（Victoria's Secret）模特兒群裡主要的成員，以及為Maybelline化妝品公司、和義大利移動通信集團擔任代言之後，便成為國際炙手可熱的超模。

從第五名以後的名單，相較於過去則有了一些變化：第五名是荷蘭超模杜晨‧科洛斯（Doutzen Kroes）。第六名有兩位，分別是巴西名模亞歷山大‧安布羅休（Alessandra Ambrosio），以及俄羅斯名模娜特莉‧沃佳諾娃（Natalia Vodianova），她們的年收入同為550萬美元。第八名是波蘭名模達莉亞‧沃波依（Daria Werbowy）。第九名是澳大利亞名模米蘭達‧可兒（Miranda Kerr）。第十名則是現年36歲的美國名模卡洛琳‧莫菲（Carolyn Murphy）。

雖然說模特兒的排名取決於許多不同的因素，例如：登上時尚類雜誌封面的次數、參加國際時尚週走秀的次數、擔任知名時尚品牌的代言人的數目，甚至於是以能成為著名攝影師的專屬模特兒等諸多因素來考量。不過，不管是哪種因素，這些因素都直接影響到模特兒的收入，這也說明了模特兒的人氣指數與排名順序，都與其個人的收入有著必然的因果關係。

所以說，就上述這些財力雄厚的前十強頂尖超級名模來看，也意味著她們在世界模特兒界的人氣指數與名氣聲望，同樣能豔冠四方、所向披靡，是頂尖中的頂尖、是超級中的超級。而這也再一次點出，所謂「超級名模的價值」，是建構在金錢價值的天平上被考量的。

維多利亞祕密的夢起與夢滅

「世界超模」這個名詞與知名內衣品牌「維多利亞的祕密」
（Victoria's Secret），形成一個極為密不可分的關聯，「超模」與
「維多利亞的祕密」這兩者之間也經常被拿來一起聯想，甚至還被畫
上等號，尤其是每一年「Victoria's Secret Fashion Show」大秀，更
成為全球時尚界最受矚目的焦點之一。

在每個年度裡，一場場超級盛大的內衣秀，都重金禮聘邀請多位世
界頂級的超級名模，來擔當代言走秀，而成群結隊依序走在伸展台
上的超模們，個個都會使出渾身解數的媚功，搔首弄姿、狂舞擺
腰，竭盡所能展顯個人最佳的魅力，相互競逐在這史上最狂野、最
冶豔、最性感的時尚競技場。難怪大家都會說，這最閃亮、最聚焦的
「Victoria's Secret Fashion Show」，已成了全世界最頂尖超模的時
尚舞台了。

「維多利亞的祕密」這個內衣品牌是由羅伊·雷蒙德（Roy
Raymond, 1947-1993 ）於1977年在舊金山所創立的，在1996年
「Victoria's Secret」推出第一款「夢幻胸罩」（Fantasy Bra），
上面裝飾超過100克拉的鑽石（價值100萬美金），自此便開始引爆
「鑽石夢幻胸罩」的話題。為了持續製造話題，該品牌在往後的逐年
歲月中，以不斷的「加碼」的方式來提高聲響，就如同在添材點火一
般，前仆後繼瘋狂補充新的資源，以求得興旺高漲。

1997年「維多利亞的祕密」加碼，推出價值300萬美金的鑽石胸罩。

1998年該公司繼續加碼，推出價值500萬美金的鑽石胸罩，稱為「夢幻天使胸罩」（Dream Angels），並由捷克超級模特兒丹妮拉‧派斯托娃（Daniela Pestova, 1970-）穿著展示。該年，一個突發奇想的行銷策略，利用Broadcast的網站播出內衣Live秀後，吸引全世界上億人的注目及討論，轟動一時，這也成功地讓該品牌，一舉奪得全世界內衣界的領導地位。

1999年「維多利亞的祕密」推出以「Millennium」（千禧年）為名的鑽石胸罩，上面綴滿了2,000顆鑽石，這款價值1,000萬美金的鑽石夢幻胸罩，由超級模特兒海蒂‧克隆（Heidi Klum）穿著，在短短的十週內，全球就有超過5億的網友，透過網路即時連線的方式湧入，觀賞此次內衣秀的演出。

2000年「維多利亞的祕密」推出名為「火紅夢幻胸罩」（Red Hot Fantasy），這款價值1,500萬美金的鑽石夢幻胸罩，由超級模特兒吉賽兒‧邦臣擔當展示。

2001年「維多利亞的祕密」推出名為「天堂之星夢幻胸罩」（Heavenly Star），這款價值1,250萬美金的鑽石夢幻胸罩，再度由超級模特兒海蒂‧克隆穿著展示。

2002年「維多利亞的祕密」推出名為「維多利亞之星夢幻胸罩」（Star of Victoria），這款鑽石夢幻胸罩，是由超級模特兒卡蘿琳娜‧庫爾科娃（Karolina Kurkova）穿著展示。已經被視為是捷克國寶的卡蘿琳娜‧庫爾科娃，在國際模特兒界素有「KK」之稱，在她17歲時便登上全球知名雜誌《Vogue》2001年2月的封面，卡蘿琳娜‧庫爾科娃從她出道一路下來，處處可見活躍於時尚界的風姿，至今她已被譽為是捷克有史以來最傑出的模特兒。

2003年的這一年，「維多利亞的祕密」所推出的不只是鑽石胸罩，還加上鑽石內褲，這款內衣褲的製作相當費工，全部都是由鑽石所組合而成，這款超級夢幻內衣組是由超模海蒂・克隆穿著展示，這也是海蒂・克隆第三度為「維多利亞的祕密」代言穿著鑽石夢幻胸罩，而三次下來，也讓她從「維多利亞的祕密」一口氣進帳4,000多萬美金。

2004年「維多利亞的祕密」耶誕夢幻目錄中，推出一款鑲滿2,900顆重達112克拉的美鑽，材質是由18k白金打造而成，價值1,000萬美元的白金內衣，由非裔美籍超模泰拉・班克斯（Tyra Banks）穿著。此次超模一改過往的展示方式，個個化身為天使，包括有：海蒂・克隆、吉賽兒・邦臣、阿德瑞娜・利瑪（Adriana Lim）和亞歷山大・安布羅休（Alessandra Ambrosio）等人的參與，當年並在全美紐約、邁阿密、拉斯維加斯和洛杉磯四大城市，舉行天使全美巡迴演出。

2005年，美國超級名模泰拉・班克斯，在參加「維多利亞的祕密」內衣時裝秀後，正式退出模特兒界。泰拉・班克斯曾是老虎伍茲（Tiger Woods）的女友，她是首位「維多利亞的祕密」專屬簽約的非裔模特兒。多才多藝的泰拉・班克斯，不僅勇奪美國日間節目的大獎，也榮獲《富比世》（Forbes）官方網站「最會賺錢的談話節目主持人」第六名。另外，她最令人津津樂道的，就是擔任節目《超級名模生死鬥》的策劃、製作、主持、評審於一身，這個擁有超高收視率的模特兒選秀節目，不僅為她贏得極高的知名度，也為她博得「名模順利轉業」最成功的案例了。

2009年「維多利亞的祕密」在紐約的大秀，是由海蒂‧克隆擔任主持，卡蘿琳娜‧庫爾科娃與阿德瑞娜‧利瑪（Adriana Lima），兩人則因剛生完產故未出席此次盛會。在本年度大秀中最值得一提的是，在名模陣容中首度邀請大陸第一名模劉雯（Liu Wen, Marilyn）加入，這也是「Victoria's Secret Fashion Show」首次邀請華人擔當演出，第一次站上「維多利亞的祕密」伸展台的劉雯，亦成為「維多利亞天使」超模行伍的首位亞洲人，至於這年的百萬內衣是由瑪莉莎‧米勒（Marisa Miller）穿上。

2010年11月10日，「維多利亞的祕密」在紐約舉行新品時尚內衣秀，知名的巴西超模阿德瑞娜‧利瑪（Adriana Lima），身穿價值200萬美元，鑲滿142克拉鑽石的夢幻內衣，出場時並引爆全場觀眾的驚呼。參加這場內衣大秀的名模還包括：亞歷山大‧安布羅休、坎蒂絲‧斯萬內波爾（Candice Swanepoel）、賽麗塔‧伊班克斯（Selita Ebanks）、潔西卡‧史達（Jessica Stam）、伊莎貝莉‧芳塔娜（Isabeli Fontana）、和羅西‧漢丁頓-惠特莉（Rosie Huntington-Whiteley）等人，個個都是世界頂尖的超級名模。

看似流水帳的陳述，其實是最能清楚驗證出「維多利亞的祕密」所經營以及所開創的精髓。「祕密」就是：「將人類『美色』與『財富』的兩大慾望緊密結合，並且將其發揮到極致」。換言之，就是透過史無前例的服裝秀，邀約全球多位最頂尖的超級名模為主角，並且由她們穿著超乎想像、不可思議、千嬌百媚的內衣，打造出充滿「虛幻」、「性感」、「美豔」、「閃耀」、「昂貴」、「奢華」、「魅惑」、「絢爛」、「流行」、「嬌媚」等象徵語彙於一體的「時尚夢幻大帝國」。

2014 年為「維多利亞的祕密」走秀的瑞典超模凱莉·葛爾（Kelly Gale）。（圖片取自 Paul Bayfield 所拍攝）

不過，令人驚訝的，就在2010年代的尾聲，當「維多利亞的祕密」仍以豪氣萬千的手筆盛大舉行時，於2019年的2月該公司突然對外宣布，一年內將要關閉53間分店，並且在面對「Victoria's Secret Fashion Show」收視率下滑的情形，也會重新考慮展演的方式。果真，11月「維多利亞的祕密」母公司的副執行長斯圖爾特·布格多弗（Stuart B. Burgdoerfer）正式對外宣布，停辦2019年的「Victoria's Secret Fashion Show」，結束了長達20多年以來的年度大秀。

是什麼原因讓這「時尚夢幻大帝國」的光環黯淡。難道是社會大眾口味的轉變，看膩了一成不變的耀眼奢華？還是大夢驚醒之後想要回歸平凡現實？亦是受到全球「平權時代、女力時代」影響下所產生的效應？

不論是那個因素似乎都有其可能，只不過當大家在探究這些原因時，其實會進一步思考，難道下一個年代「超級模特兒」的發展，會因此受到重創而面臨瓦解的走向衰敗嗎？

另類超模名氣不另類

在2010年代的初期，時尚界被關注的焦點與話題，除了一些大家所熟悉的超模之外，另外也涵蓋一些另類的模特兒，這其中又以史蒂娜·坦娜特（Stella Tennant）與勞拉·斯通（Lara Stone）兩位模特兒最具代表。

生於1970年蘇格蘭的名模史蒂娜·坦娜特，她自幼家境富裕，是少數具有英國皇家血統的模特兒。史蒂娜·坦娜特在1990年代初期被英國倫敦攝影師史蒂芬·梅塞爾（Steven Meisel）發掘，隨即便成為義大利版《Vogue》的封面女郎，自此之後她的事業就一路長紅。在1996年史蒂娜·坦娜特被卡爾·拉格斐（Karl Lagerfeld）相中，取代德籍名模克勞迪婭·雪佛（Claudia Schiffer），成為Chanel No.5香水的代言人，這也使得她的知名度快速竄升。史蒂娜·坦娜特的冷酷叛逆形象，經常被拿來與凱特·摩絲相比，並且將她們視為是同一類型的超模。在模特兒圈的遊戲規則中，史蒂娜·坦娜特有許多地方被認為是不符合條件的，尤其是

她那一頭的短髮和始終板著臭臉，以及被稱為是「不合作的表情」，經常惹來非議。史蒂娜·坦娜特的作風相當直率，例如在她最紅的時候，宣布與男朋友大衛·拉森尼（David Lasnet）結婚，就引來媒體的譁然。不過，她乖張不馴的個性，卻反而博得一些時尚品牌的青睞，例如，知名品牌「Burberry」，以及頂級珠寶品牌「Chaumet」都找她擔任長期合作的對象。

過去大家看到「牙縫大開」，都覺得是有礙觀瞻的形貌，通常對於這種形象也都是給予負面的評價。然而素有「牙縫超模」之稱的英荷混血超模勞拉·斯通（Lara Stone），卻改變我們過往慣性的看法，她讓「牙縫大開」反而成為是時尚界的一種特色。這位被「Model.com」評比為全球第一的超模，在2010年代初，不僅為多家服飾品牌代言，也為多家知名品牌香水代言，如為Calvin Klein、DKNY、Versace等品牌的香水擔當代言人，看來長相非常神似巨星碧姬芭杜，人稱「小碧姬芭杜」的超級名模，算得上是名副其實的「香水代言天后」了。

只有名模是最佳商品代言人嗎？

當然，擔任時尚產品的代言，絕非是時尚名模所獨門專利的，早在時尚模特兒尚未成氣候的20世紀初期（尤其是正值電影時代的熱潮之際），當時受邀擔任時尚產品代言人的這項任務，往往就落在電影明星的身上，而且特別是具有巨

VOGUE
ITALIA

HERE LARA

COMES STONE

THE BY

SUN HARLEY WEIR

英荷混血超模勞拉 · 斯通出現在 2017 年
義大利版《VOGUE》雜誌的封面。

星頭銜的女演員為主要對象，這些巨星她們不論是在戲裡或戲外，都擔任起代言的工作，而這其中最經典的例子，就是巨星奧黛麗‧赫本（Audrey Hepburn）與服裝設計師于貝爾‧德‧紀梵希（Hubert de Givenchy）兩人的結合。在1961年由奧黛麗‧赫本所主演的「第凡內早餐」（Breakfast at Tiffany's），劇中她所穿著的那件黑色無肩的經典戲服，就是由這位法國知名服裝設計師紀梵希所設計的，這款黑色禮服不僅為奧黛麗‧赫本個人的優雅之美增添光彩，也為「Givenchy」這個品牌打響了知名度，奧黛麗‧赫本穿著這款黑色禮服的劇照，還被稱為是電影史上最經典的時尚代言。而不僅是在戲內，連在戲外設計師于貝爾‧德‧紀梵希也把巨星奧黛麗‧赫本，當成是該時尚品牌最佳的「美的繆思」，並以她的魅力，作為「Givenchy」香水系列產品開發的靈感來源，當然這些商品也都邀請奧黛麗‧赫本擔當代言工作，而每一款香水，都十分成功地博得廣大消費群的風靡與喜愛。

到了20世紀中期電視開播之後，明星的陣容也隨之擴大，增加了電視演員，而一些受歡迎的電視明星，也與電影明星一樣，同樣受到時尚產業界高度的關注，電視明星瞬時成為商品代言的新寵，在眾多案例當中，就以首播於1998年6月6日，結束於2004年2月22日的電視影集「慾望城市」（Sex and the City）最具代表了。深受全球觀眾喜歡的「慾望城市」，曾榮獲艾美獎和金球獎等多項大獎。在該影集結束後，原班人馬還在2008、2010年分別主演電影版的「慾望城市1」與「慾望城市2」。在「慾望城市」戲裡，由女星莎拉‧潔西卡‧派克（Sarah Jessica Parke）所飾演的專欄作家凱莉‧布雷蕭（Carrie Bradshaw），於劇中不斷傳遞濃厚十足的時尚氛圍，這也讓凱莉‧布雷蕭成為時尚商品最佳的傳播者，劇中只要與凱莉有關的時尚商品，都能引領全球時尚潮流，成為流行市場的熱賣商品。這也讓「Carrie」這個原本只是人的名字，轉而變成是時尚流行的代名詞，而劇中的凱莉更成

為各大時尚品牌最佳的廣告代言人，堪稱是史上最成功的「置入式行銷」典範。至於在戲外，飾演凱莉的女星莎拉‧潔西卡‧派克，也同樣被時尚廠商視為是最佳的商品代言人，而且她所代言的商品也都有很好的業績：例如，為「Steve & Barry's」服飾連鎖旗下的「Bitten」系列代言，讓業績開出長紅；又例如，2006年6月所推出的「LOVELY」香水，在莎拉‧潔西卡‧派克的代言之下，讓全球的女性朋友為之瘋狂，總銷售量達到1,600萬美金；以及在2007年所推出的「COVET」香水，同樣在Sarah Jessica Parke的代言之下，讓該品牌一路暢銷，甚至到了2011年代依舊能風靡全球，魅力無法擋。

走到21世紀的今天，擔任時尚商品代言人的身分種類，似乎變得更加繁雜了，除了有成功的企業家、運動明星、時尚名媛等知名公眾人物的加入外，連政治人物也來插一腳，其中最經典的就是前蘇聯領導人米哈伊爾‧謝爾蓋耶維奇‧戈巴契夫（Mikhail Sergeyevich Gorbachev, 1931-），他出現在2007年8月分知名時尚品牌LV皮包的廣告中擔當代言模特兒，當然也有人把這件事與他在辭去蘇聯領導人職務的16年後，想東山再起進入政壇做出聯想，認為戈巴契夫是想藉此為個人再度進入政壇先來個廣告秀（果真，戈巴契夫在2008年1月1日復出政壇）。

不過無論如何，時尚商品代言的這項任務，最主要的還是以知名模特兒為核心，尤其是國際一些頂尖的超模，更是國際知名時尚品牌最想合作的對象了。

老模踢爆時尚美的神話

2011春夏時裝週，不僅出現挑戰紙片人身材的戲碼，也出現揶揄長期以來，走秀時尚模特兒必須是年輕貌美的神話。在2010年西班牙首都馬德里所舉辦的2011春夏時裝週，服裝設計師胡安‧杜約斯（Juan Duyos），在服裝秀中刻意安插了四名阿嬤級的模特兒走秀。對於這種安排胡安‧杜約斯直言：「我最受不了看到以年輕模特兒，來推銷老年婦女使用的除皺

霜，我認為人的美麗不受年齡影響，人過了40、50歲還是可以很美麗，因此我特別邀請四名年齡較長的模特兒來參加這次服裝會的走秀」。

而無獨有偶的，在2010年代的初期，時尚界伸展台上最引人側目的新聞，也是與「老人話題」有關，出生於1939年（2010年時高齡71歲）的薇露希卡‧馮‧倫道夫（Veruschka von Lehndorff）重出江湖，現身在服裝設計師賈爾斯‧迪肯（Giles Deacon）於2011年倫敦春夏時裝的發表會，擔當伸展台壓軸的模特兒，舞台上薇露希卡‧馮‧倫道夫的風采，甚至還搶了超人氣名模阿格妮絲‧迪恩（Agyness Deyn）開場時的風頭。這位曾在1960年代享譽國際的名模，不僅讓我們看到老當益壯，也打破一般人對模特兒生命週期短暫迷失的看法，似乎又讓我們重新回憶起，她的那段名言：「Fashion gave me the opportunity to always slip into different roles.」

至於在國際時尚界堪稱最資深的時尚模特兒，則是擁有義大利和匈牙利血統，生於美國紐約的卡門‧戴爾歐爾菲絲（Carmen Dell'Orefice）。在2012年6月3日剛過81歲生日的卡門‧戴爾歐爾菲絲，她從15歲開始便成為《Vogue》雜誌的封面女郎，65年下來她始終在時尚伸展台上屹立不搖，未曾考慮退下模特兒這個行業，至今她仍硬朗的活躍在時尚舞台，這位模特兒界的長青樹、大姊大，還締造六度登上《Vogue》雜誌封面的佳績。從卡門‧戴爾歐爾菲絲的例子，讓我們清楚看到，時尚美不應該只是侷限在年輕的門檻裡。

國際時尚的摔跤大賽與反思

正當時尚圈為模特兒的胖瘦以及年紀問題吵得沸沸揚揚之時，不論是倫敦或是巴黎，於2010年所展開一連串的2011春夏時裝週，紛紛上演一場場「時尚摔跤秀」，首先是在倫敦時裝週接近尾聲之時，壓軸大秀是由品牌Burberry挑大樑，這場秀並在網路上作了實況的轉播，一名身穿勁裝短髮的模特兒，沒想到走回時摔倒地面，還差一點跌下伸展台，緊接這位模特兒爬起來時又一個重心不穩，高跟鞋瞬時滑開，最後她乾脆拎著一隻鞋，用長短腳走回後台。這次Burberry時裝展選用的高跟鞋，鞋跟都是超級的細高，似乎在考驗模特兒走台步的功力，在面對這種鞋款，一位亞裔籍女模乾脆直接把兩隻鞋子脫掉，優雅的走完全程，以避免到時又是一個重摔，糗態傳遍世界。

同樣的，在巴黎時尚週，來自西班牙的設計師阿馬業‧阿蘇亞加（Amaya Arzuaga），她設計一系列不規則的高跟鞋，也讓多位模特兒走秀時不慎跌倒，最後模特兒們就靠著彼此相互攙扶，才走完全程，這也讓現場觀眾看得瞠目結舌。

這一連串危險的演出也引發時尚界高度的關注，呼籲走秀的創意與安全必須同時被考量。

其實這種狼狽摔跤尷尬的演出，是其來有自的，早在1994年名模「黑珍珠」娜歐蜜‧坎貝兒（Naomi Campbell），她在為英國時尚教母薇薇安‧魏斯伍德（Vivienne Westwood）走秀時，腳上穿了一雙紫色超高的高跟鞋，結果一個不小心，跟蹌跌倒在伸展台上，

跌坐在舞台上的娜歐蜜‧坎貝兒隨即以笑容化解了這場尷尬，她也因此一跌成名。所謂的「江山代有才人出」，緊接而後，同為英國籍的知名設計師亞歷山大‧麥昆（Alexander McQueen, 1969-2010），在2009年10月的「2010巴黎春夏時裝週」，安排一系列名為「犰狳」的超高高跟鞋（最高有12吋的高度），讓模特兒穿著走秀，這款鞋子也讓當時的模特兒嚇壞了，害怕又要來場「時尚摔跤大賽」。

從這一場場驚心動魄的摔跤秀，不禁讓我們反思：「難道要讓糗態、恐懼與危險變成是時尚伸展台上的一部分嗎？」若設計師們無法嚴肅面對這個問題的話，進而使得「變態」與「創意」合理的結合在一起，甚至欲圖將此成為時尚的一種趨勢之時，我們相信這將是時尚為社會所帶來的一場惡夢，是多數人所不樂見的。這也如同2011年9月時，好萊塢時尚攝影師泰勒‧希爾茲斯（Tyler Shields, 1982- ）在其個人網站貼出「家暴妝」的系列照片，所引來輿論強烈的撻伐是一樣的。泰勒‧希爾茲斯在其個人網站上貼出他為《歡樂合唱團》影集（Glee）女星希瑟‧莫理斯（Heather Morris, 1987-）拍攝的系列照片，並讓希瑟‧莫理斯的左眼畫成紫色的家暴妝。照片中希瑟‧莫理斯看來遭受家暴，卻又愉快做家務，被輿論界狠批是在美化家暴。美國「全國反對家庭暴力聯盟」執行長控訴：「泰勒‧希爾茲斯本人或許沒注意到，現實社會中，很多婦女被人拿家電產品施暴，這種以悲劇與難堪作為時尚美的創作意象，實在是不可取。」最後泰勒‧希爾茲斯在排山倒海的批評下，公開對社會大眾表達歉意，這也讓這場風波畫上句點。

時尚界的國王新衣

要考驗一位時尚女模特兒走秀時的容忍度，其最高的極限，不是在她身上放置一大堆誇張、不舒服的東西；或是穿上不合乎人體工學的服飾。相反的，是要求模特兒在眾目睽睽下，一絲不掛地走在伸展台上。

「模特兒三點全露裸體走秀」，這原本讓我們聽起來是十分不可思議的情形。不過，在真實世界還真的發生了！一場限制級的時尚走秀，出現在2012年2月21日的倫敦時裝週裡，於威爾斯「女帽鉅子」羅賓‧柯爾斯（Robyn Coles）的作品展示中，亮相演出。擔當走秀模特兒的陣容中，其中有四位女模特兒除了頭上的帽子之外，全身毫無遮蔽的走在觀眾們的眼前，其中還包括一位懷有八個月身孕的模特兒，這位孕婦模特兒，是曾榮獲「威爾斯小姐」的索菲亞‧卡希爾（Sophia Cahill）。索菲亞‧卡希爾除了不斷變換帽子之外，她身上完全一絲不掛。對於邀請孕婦走秀一事，同為女性的31歲帽商羅賓‧柯爾斯提到，她會請鄉親索菲亞‧卡希爾出馬，是因為讓身懷六甲的孕婦裸體走秀，是難得一見的美麗風景。至於孕婦索菲亞‧卡希爾本人對這場演出的表達：「我懷著孩子來走秀，真的很棒。相信大家從未曾在時裝展裡看過這種演出。」這耐人尋味的孕婦走秀，的確引來國際時尚圈高度的關注，不過也同時引發一些人的質疑：「現場是否有婦產科醫生在旁待命？」

倫敦的時尚週似乎特別熱衷天體秀的演出，早在二年前，也就是在2010年9月17日開始，為期六天的「2011倫敦春夏時裝週」，就在22日最後一場時裝發表會，也曾上演過一場驚天動地的裸體秀，這場由法國帽類與髮型設計師查利‧勒‧明杜（Charlie Le Mindu）所主導的天體秀。整場展示會中，由數位英國名模全裸上陣，一同演出「空前與前空」的「全都露」。這一齣宛若「國王的新衣」的時尚發表會，模特兒在伸展台上身無寸縷，僅僅戴上帽子、頭飾、假髮而已。深受「女神卡卡」（Lady Gaga）青睞的這位設計師查利‧勒‧明杜，希望大家能把注意力多放在髮型上，據他所言，他藉由這種方式的演出只是要表達「身體只是髮型的陪

葛爾

襯品」的這種概念而已。不過，令人好奇的是，現場這群「尷尬又難挨」的觀眾，不知道要把眼睛擺在哪裡才是對的？

查利・勒・明杜所推出的全裸秀，讓模特兒一絲不掛，其實這種身上空無一物的走秀畫面，對我們而言也應該不致太陌生，因為早在1994年所上映的《雲裳風暴》（Prêt-à-Porter），知名導演勞伯・阿特曼（Robert Altman）在片中就相當生動地描繪：「標榜時尚之都的巴黎，處處充滿虛幻與偽裝的一面。」他並藉此片強烈質疑追求時尚華服的價值所在。影片中就出現一幕，盛裝出席最新時尚發表會的觀眾，每個人都以名牌來提高個人的品味與地位，彼此之間也都藉由穿著時尚華服來爭奇鬥豔，可是沒想到這些乖乖坐在椅子上，等候多時的名媛紳士，他們所引領期盼的時尚，竟然是模特兒不著衣物的赤裸出場。劇中也引用著名服裝設計師姬・龍雪（Guy Laroche）在1968年5月時曾經做過的宣示：「我不再替女性設計衣服了！」，因為姬・龍雪他感慨：「沒有人真正懂得自己在穿什麼。」勞伯・阿特曼藉此奉勸天下女性：「不要介意自己身上穿的是什麼，而是要去想，自己需要和想要的東西是什麼。」

說到「不要介意自己身上穿的是什麼，而是要去想，自己需要和想要的東西是什麼。」對於這種看法，有人似乎會從另類的角度，以逆向的思考方式來呈現自我。其中在2010年代裡，最具代表的人物，就要算是縱橫藝能界與時尚界的天后女王「女神卡卡」了。「女神卡卡」的穿著打扮經常是「衣不驚人死不休」，在她的造型上竭盡所能的挑戰宗教禁忌與社會良善風俗，其怪異突兀的打扮，以及經常穿著不符合人體工學的服飾，更是博得輿論界諸多的惡罵與批判，例如她經常「衣不蔽體」，下半身不穿外褲；在昂貴的名牌包上塗鴉；為悼念已故好友服裝設計師亞歷

山大‧麥昆（Alexander McQueen），穿上他所設計的犰狳鞋（這雙曾令走秀模特兒聞之喪膽拒穿的鞋子，也曾被時尚評論家批評「沒人能穿的怪鞋」）；當然還有那令人心生恐懼的「生牛肉裝」（所謂的「生牛肉裝」是「女神卡卡」在2010年9月13日，出席美國MTV錄影帶大獎頒獎典禮時，頭上戴著的帽子、腳上穿著的鞋子、身上穿著的衣服，以及手上拿著的包包，全都是由生牛肉做成的。「女神卡卡」這整組的牛肉裝，是以阿根廷新鮮的牛肉所製作而成，整套牛肉裝先經過加工，以化學劑浸泡，然後再送到加州，由一位專門製作動物標本的師傅將它烘乾定型，變成牛肉乾，接著再重新上色，好讓它恢復鮮豔的牛肉光澤，前前後後花費數月完成）。

對於「女神卡卡」穿著由服裝藝術設計師法蘭克‧費爾南德斯（Franc Fernandez）所設計的生牛肉裝，不但造成全場的驚嚇，也引起動物協會強烈的抗議。不過這位被公認經常樂於在公開場合展示令人錯愕，甚至造成驚恐的服飾搞怪天后，卻令人意外受到了美國時裝設計師協會的肯定，在2011年9月還頒發給她一個「時尚偶像獎」。雖然時尚評論界也曾針對「女神卡卡」的穿著風格，提出多次嚴厲的批判，但是仍絲毫無法撼動她在時尚界的地位。

當然，並非每一個人都能像「女神卡卡」一樣，樂於穿著暴露與危險的服飾，一般時尚模特兒在面對危險難穿的服飾，或是必須尷尬羞愧的赤裸時，都是相當恐懼與不安，但許多時尚模特兒礙於工作機會恐遭不保的壓力，只能委屈妥協接受。這也不得不讓我們必須重新思考，那就是：「大家除了在關心模特兒激瘦的問題之外，其實還有許多對模特兒尚有未盡尊重之處，是需要重新被正視的。」

模特兒是設計師的敵人？
還是好友？

如果說國際設計大師和世界知名品牌，是
帶動時尚潮流的主宰者，那國際知名的名
模，無疑就是演繹設計師作品的最佳人物
了。每一年各大品牌所舉行的服裝發表
會；或是推出的新產品，設計師與廠商在
遴選走秀模特兒與商品代言人時，都會小
心翼翼、費盡心思，因為他們相當清楚倘
若稍有閃失，就必定會嚴重影響該品牌日
後發展的命脈與生機。其實模特兒與服裝
設計師兩者的關係是共生互利的，因為設
計師都希望自己的作品，能穿在最合適的
模特兒身上，透過模特兒精湛的詮釋，以
昭顯自己獨到的時尚品味和魅力。而對模
特兒來說也是一樣，她們同樣希望透過穿
著及代言設計師作品的機會，得以提高個
人知名度，並且能獲取更好的利潤。所以
說，名模與服裝設計師的關係，通常是保
持極為良好的友善關係，以尋求互利並為
彼此加分。在時尚史上最經典的案例，
就是知名服裝設計師卡文·克萊（Calvin
Klein）與名模凱特·摩絲（Kate Moss）
兩人的合作，雙方皆得到雙贏，成功為彼
此在時尚界增加亮點。

Photo by Flaunter.com on Unsplash

有關服裝設計師與模特兒的關係，到了2010年代之初又如何？服裝設計師對待模特兒的態度上是否出現一些改變呢？我們試以全球最受關注的兩位設計師，亞歷山大‧麥昆（Alexander McQueen）與約翰‧加里亞諾（John Galliano）為例，做一比較。

四次贏得「年度最佳英國設計師」（British Designer of the Year）的英國鬼才設計師亞歷山大‧麥昆，雖然不幸在2010年2月11日身亡，但他深具爆發力的創意點子，以及令人嘆為觀止的巧思，始終讓人留下深刻的印象。不過，也有人對於他那種超乎想像的設計操作，是不敢恭維的，尤其是當目睹到他一場場的時尚秀時，舞台中製造出模特兒被羞辱，表現出慘狀的戲碼，就會被人加以撻伐，認為他的設計手法，其實是假設計之名，以達其羞辱、貶抑女性之實。具體事件列舉如下：1.在他1998春季發表會時，他讓模特兒相當狼狽地，走在傾盆大雨的伸展台上，這讓走秀的模特兒吃盡苦頭。2.在他1999春季發表會時，找來23歲截肢的女孩艾美‧慕琳斯（Aimee Mullins）登場，這充滿爭議性的舉動，也引來時尚界相當大的撻伐，模特兒界更是為之譁然。3.他在規劃紀梵希（Givenchy）1999秋冬新裝發表會時，以透明樹脂人台來取代真人模特兒，這個舉動也同樣讓模特兒界相當恐慌，擔心這種方式是否將會成為一種趨勢，模特兒界個個擔心她們會因此而失業。4.在「2004 American Express Show London」發表會中，他再度讓模特兒受苦，把模特兒放置在一個定點站立著，並忍受從天而降雪雨的折磨，這就是有名的「Blizzard falling around the models」。5.在「2009秋冬」發表會中，他把走秀模特兒的臉部造型加以醜化，讓每一位模特兒呈現一張張極為誇張、醜態的大嘴巴，而這也與每一位模特兒都期望能被裝扮成美美的心情，剛好是背道而馳。6.在2009年10月的「2010巴黎春夏時裝週」，這位素有「時尚壞男孩」之稱的天才設計師，推出一系列誇張且不符合人體工學設計的鞋子，對此也引起模特兒們的反彈，其中就有3位名模，以安全考量為由，拒絕穿上名為「犰狳」（Armadillo）的高跟鞋走秀。英國《標準晚報》（The Evening

Standard），也曾針對亞歷山大‧麥昆的時尚秀有如此的報導：「模特兒在這場秀，個個展現發了狂般的演出。」從上述種種，難怪這位設計師會被時尚評論家批評是：「極度厭惡女人的服裝設計師」。看來亞歷山大‧麥昆他應該要算是最讓模特兒恨得牙癢癢的服裝設計師了吧！

2011年年初因發表反猶太言論，遭法國時尚名牌Dior開除的英國籍首席設計師約翰‧加利亞諾（John Galliano），則不同於亞歷山大‧麥昆，他是一位深受模特兒們愛戴的設計師，尤其是他非常熱愛中國風，因此特別欽點大陸籍的模特兒來為他走秀，這也促使大陸超級模特兒能有機會登上時尚頂尖舞台。大陸模特兒杜鵑、秦舒培等人，當尚處在寂寂無名之時，都是靠約翰‧加利亞諾親自挑選，之後因此一躍躋身炙手可熱的國際頂尖超模行列中，難怪當約翰‧加利亞諾遇到這次風波，曾受惠其恩情的大陸超模們還為他叫屈落淚，以感念這位帶動大陸超模熱的幕後推手。

在過往國際時尚界的規則慣例，都是由設計師挑選模特兒，不知未來是否也有，轉而由模特兒挑選設計師的可能呢？

國際時尚界的「杜鵑效應」

隨著中國大陸的崛起，大陸民眾對時尚品牌的熱衷，以及所表現出來驚人的消費能力，這都讓國際知名的時尚品牌，急於想要與中國大陸扯上一些關係，希望能在如此龐大的商機與市場中分一杯羹，就在這種情勢之下，也使得中國大陸的模特兒能有機會脫穎而出，與世界超級名模一同站在頂尖的時尚舞台上，一較高低。

Photo by Flaunter.com on Unsplash

說到首先躍進國際時尚舞台的中國大陸模特兒的第一人，毫無疑問就是杜鵑了。生於1982年的杜鵑，畢業於上海戲劇學院戲曲舞蹈分院，她在2002年參加「新絲路中國模特大賽」獲得冠軍之後，隨即與「新絲路模特經紀公司」簽約，自此杜鵑便進入模特兒這個行業。為了開拓個人事業，杜鵑在2006年與美國模特兒經紀公司「IMG MODELS」簽約，轉而進軍國際時尚界發展。2008年8月杜鵑以第9名的好成績躋身世界超模「TOP 50」的前10位，這也讓杜鵑在國際模特兒界，一度造就出「中國超模旋風」的傳奇，只可惜她很快被取代，跌出「TOP 50」成績之外。

相較於杜鵑的倒退，中國大陸另一位模特兒劉雯則是步步高升。劉雯在2009秋冬時裝週連走74場秀，2010春夏時裝週也走了70場，代言國際知名品牌如Benetton、DKNY，根據「Models.com」的排名，她名列第24位。說到劉雯的發展，在2009年她成為首位受邀為「Victoria's Secret Fashion Show」走秀的亞洲模特兒，這更把她推向國際時尚舞台，晉升全球頂尖超模的行列中。劉雯在2010年全球超模排行榜「TOP 50」中，更躍進到第11名的成績。

闖進「TOP 50」的中國大陸模特兒，還有一位，那就是秦舒培，2007年9月她在紐約春季時裝週上初次嶄露頭角，雖然她只走了3場秀，但表現出極高的可塑性，自此開始便受到國際知名設計師的青睞。2008年她在紐約、巴黎等地走秀，合作的品牌包括：Lacoste、Rebecca Taylor、Christian Dior、Hussein Chalayan等，期間也陸續登上世界各地雜誌的封面。2009年整個春夏紐約時裝週她走了22場秀，因Chanel設計師卡爾·拉格斐（Karl Lagerfeld）親自挑選她做謝幕模特兒，因此被喻為是「時裝週的黑馬」。2010年秦舒培於國際時裝週走了60場秀，在2010年8月更成為繼名模艾琳·沃森（Erin Wasson）、埃米莉·迪多納托（Emily Didonato）之後，代言化妝品牌Maybelline，而且還同時代言服裝品牌GAP。在「Models.com」的全球「TOP 50」名模榜單中，她升上第33名，在華裔模特兒中僅次於劉雯。

從2000年代中後期到2010年代初期以來，我們看到中國大陸模特兒開始出現在國際時尚圈，並且在很短的時間內，快速活躍於時尚界各個不同的角落中，如雜誌封面、品牌代言、時尚走秀等，而這個趨勢也勢必將成為不可限量的發展，後續我們相信在時尚界將會看到更多的華人模特兒，擠進世界頂尖超模的行列中。

「維基解密」啟動危機

正當「維基解密」在2010年下半年大規模洩露機密檔案，引來國際間各國政壇的驚恐之際，政治人物與模特兒之間撲朔迷離的糾葛，也意外成為這場風暴中，被揭密的一項焦點話題。

在這些話題中，最引起媒體關注與討論，就是「名模重創巴哈馬政壇」的這則訊息。根據維基解密網站的一項電文顯示，經由美國駐巴哈馬大使的紀錄得知，2007年以39歲之齡猝逝的話題女王安娜‧妮可‧史密斯（Vickie Lynn Hogan），生前最後幾年在巴哈馬置產，疑似行賄享特權，而且她還和巴國高官有不尋常的關係。

安娜‧妮可‧史密斯和她的兒子相繼死於當地，在巴國政壇掀起相當大的風暴，甚至還因此使得巴國執政黨輸掉大選。美國駐巴哈馬大使在該份電文中以「安娜妮可颶風重創巴哈馬」（Hurricane Anna Nicole wreaks havoc in the Bahamas）為題，詳細描述這位波霸名模如何搞垮巴哈馬政府，赤裸裸地揭露模特兒讓巴哈馬政壇重創的祕辛。這樁事件使得執政的進步自由黨失去民心，儘管該黨承諾改革，但仍於2007年5月的大選慘敗失去政權。

其實政治人物受到模特兒的牽連，而損傷個人或是政黨的政治生命與前途，是不勝枚舉的，其中最具代表的例子，就是在1988年美國面臨總統大選之時，當時角逐民主黨總統候選人提名的蓋瑞‧哈特（Gary Hart）涉及一場婚外情，蓋瑞‧哈特原本在面對美國民眾談到個人私生活時，都說自己是相當值得考驗的，甚至蓋瑞‧哈特還回嗆媒體對他有不實的揣測。不

過，當《邁阿密前鋒報》刊出他和模特兒唐娜‧萊斯（Donna Rice）兩人乘船出海的相片（船名還取名叫「Monkey business」胡搞）的時候，蓋瑞‧哈特的信用瞬間瓦解，受到這場風波的重創，蓋瑞‧哈特也只好黯然被迫退出選戰，這也粉碎他原本很有可能步向高位的政治夢想。

請拿出「真、善、美」面對「激瘦」的迷失

2010年年底，最令國際時尚界扼腕的訊息，就是與厭食症纏鬥15年之久，成為「反厭食症運動」頭號要角的法國女演員兼模特兒伊莎貝爾‧卡洛（Isabelle Caro），於11月17日在巴黎逝世。享年只有28歲的她，引起國際媒體的注目，是起因於2007年，當時義大利攝影家托斯卡尼與一家服裝公司合作，以攝影方式發起「不要厭食症」（No Anorexia）運動，托斯卡尼試圖藉由照片的畫面向年輕人傳達瘦過頭的危險。照片裡的伊莎貝爾‧卡洛（Isabelle Caro）裸體演出，身高165公分，體重卻只有27公斤，其骨瘦如柴的形貌震驚全球。這張意象強烈、極度震撼的照片，讓伊莎貝爾‧卡洛（Isabelle Caro）獲得歐洲與美國媒體的關注，也為她贏得不少演出機會，後來她曾擔任法國模特兒大賽的評審、拍攝電影與電視劇，2008年出版自傳《不想變胖的小女孩》一書，同時也繼續增重，但努力活下去的她，最終仍不敵病魔，而以悲劇收場。

從2000年代開始，由於媒體一再揭露有關模特兒為了追求激瘦，而造成生命的危害，以及命喪黃泉的新聞之後，「模特兒激瘦的問題」便引來全球各界人士高度的關注，甚至對國際時尚界陷入「瘦即是美」的迷思，給予嚴厲的批判，而這才讓時尚界驚覺到長期以來，把「模特兒激瘦」當成是一種理所當然的常態，有了反省以及做出調整的動作。

其實若從時尚模特兒的發展歷史來看，以「激瘦」作為時尚模特兒理想身材的概念，並非一開始出現時尚模特兒這個行業就如此，而是要到1960年代，西方世界受到年輕文化、反文化高漲的影響，加上時尚、娛樂、藝術等各界一致的呼應之下，「模特兒美的標準」才隨之產生重大的變化，而出現強調「靈敏、精巧、個性、稚氣」的新風貌，「骨感美」的概念就在這種情勢之下於模特兒圈內孕育而生，這也因此造就出如佩吉·莫菲特（Peggy Moffitt）、佩內洛普·特里（Penelope Tree）、薇露希卡·馮·倫道夫（Veruschka von Lehndorff）、珍·詩琳普頓（Jean Shrimpton）、崔姬（Twiggy）等多位巨星級的 "Skeletal Models"（骨感模特兒），縱橫國際時尚界的局面。這些受歡迎的知名模特兒都有個共通的特點，那就是「身材條件特別的苗條纖細」，相當吻合當時時尚美的準則，這也就是所謂「第一波瘦模」的緣起。

到了1990年代，也就是時尚界在度過華麗貴氣的時代之後，為因應「後現代另類文化」與「簡約主義」的到來，以及市場活躍「瘦身經濟」的風潮，時尚模特兒界再度以「消瘦」作為時尚美的準則，而此時的超級模特兒凱特·摩絲（Kate Moss），也就成了這一波瘦模風潮最具代表的人物。

1990年代初期崛起的英國模特兒凱特·摩絲，她的身高5呎7吋（約170公分），體重卻只有98磅重，身形瘦如皮包骨，是十足的「乾瘦、骨感」。然而凱特·摩絲這種瘦骨嶙峋的身材和蒼白無色的面容，卻風靡了國際的時裝界，也因此帶動了「第二波瘦模」的發展，為此時尚界更掀起以 "Size Zero"（零號尺碼）作為時尚模特兒的一項「標準身材」（所謂「零號尺碼」是美國女裝最小的一種尺碼，胸圍80公分，腰圍60公分，臀圍86公分），把這原本是神話的 "Culture of thinness"（激瘦文化）賦予了荒謬的合理化，瞬時之間，前心貼後背、骨瘦如柴的「紙片型」瘦模，便成為國際時尚舞台的主流，而 "Size Zero Model" 的「紙片人」也就開始肆無忌憚、專橫獨霸時尚舞台。

在國際時尚界，模特兒們為了達到這種荒謬的標準，以便能爭取到更多與更好的工作機會，只好壓榨自己的身材，想盡各種方式來維持「零號身材」，這也因此讓一些模特兒產生各種併發症，甚至出現危及生命的狀況，可憐的模特兒只好被動地淪為「虛幻時尚」的代罪羔羊。

2010年代有關模特兒新聞，除了模特兒Isabelle Caro身亡訊息，引發時尚圈強烈的震撼之外，另一則 "How supermodels stay 'Paris thin' by eating TISSUES" 的新聞標題，也引來國際社會不小的震驚。這則駭人聽聞的訊息，是源自於時尚雜誌《Vogue》澳洲版前總編輯基斯蒂‧克萊門茨（Kirstie Clements），她在2013年2月26日出版新書《The Vogue Factor》中所爆料的內容。擁有25年《Vogue》時尚雜誌編輯資歷的基斯蒂‧克萊門茨她在書中特別揭露，時尚圈為了追求，「比瘦還要小兩個尺碼」的 "Paris Thin"（巴黎瘦）身材，模特兒們可以說已經到了無所不用其極的地步。基斯蒂‧克萊門茨在書中進一步提到，她甚至目睹一名女模連續工作3天都不吃飯，而餓到睜不開眼，身體癱軟虛脫的情形。基斯蒂‧克萊門茨也提到，在時尚圈女模因強忍挨餓，造成身體虛弱而進出醫院吊點滴，已是家常便飯的事了。所以說，模特兒為了瘦身，一天到晚進出醫院打點滴，一點都不稀奇。基斯蒂‧克萊門茨更以實際案例提到，就有一位美國模特兒克沙，罹患怪食癖，最愛吃的食物就是衛生紙，她時時刻刻都把一整捲衛生紙拿在手上，像吃零食一樣，一片一片扒下來吃。

就在這種荒誕的「激瘦文化」影響之下，許多年輕女孩像是吸了毒品般的，陷入時尚的錯覺之中，以伸展台上的模特兒作為模仿對象，希望能跟瘦模一樣地纖瘦，因為她們深信：「消瘦的形

體，就代表時尚美的一切」，瘋狂追求「瘦還要更瘦」的價值，結果也因而導致個人飲食失調，罹患厭食症、憂鬱症，深深危害到自己的健康。

在此時此刻面對時尚界所帶來的「紙片人後遺症」（其實就是「激瘦危害」），其解決之道，最有效的方式之一，就是透過科學的實證來呈現真相，而予以解決。在此，我們也不妨參酌曾任「美國心理學會」（APA）主席的學者Martin E. P. Seligman博士，在其《What You Can Change and What You Can't》一書（國內譯本書名為《改變：生物精神醫學與心理治療如何有效協助自我成長》）中找到答案，該書中寫到：「減肥瘦身是無效的，身體本身有自我平衡的基準點，破壞它會引起新陳代謝的失常。我們應該從改變社會對瘦、苗條的追求下手。」這段文字讓我們瞭解到一項重要觀念，那就是：「其實減肥瘦身是無效的」。除此之外，也要呼籲時尚界，此時此刻應該要能有所自覺，對時下所產生的身體迷失做出更具體的回應，除一方面要扭轉偏差的誤導回歸正途，另一方面更要善盡一份社會道義的責任，明瞭時尚潮流對社會必然會帶來重大影響的事實，讓「時尚美」的價值也能與「真」、「善」合一。

再說到年輕女孩，她們為何會如此瘋狂、毫無限制地追求瘦，甚至迷失在激瘦的狀態下？究其根本的原因，是因為她們把「激瘦」當成是一種「時尚美」，並希望藉由「追求激瘦時尚美」這個策略，最終能達到「為自己提高、增加個人的異性緣」之目的。其實她們認為，「越瘦就越有異性緣」、「激瘦能增加個人的吸引魅力」的這種看法也並不正確，因為根據英國University of St. Andrews（聖安德魯斯大學）所進行的一

項研究，該研究讓在校男生根據女性的臉龐來判斷其是否有吸引力，以及是否健康時，結果發現：「中等體重的女孩被認為是最具吸引力和最健康」。這項研究向那些認為越瘦越美的年輕女孩提供一項重要訊息，那就是「年輕男子認為中等身材的女性要比『零號身材』更有吸引力」。該研究是針對84名女學生就她們的健康進行問卷調查，並同時測量了她們的血壓且為她們拍照，然後研究人員進一步要求男學生，根據女學生的照片來判斷她們的健康情況，以及是否具有吸引力。負責這項研究的大衛‧佩雷特（David Perrett）教授指出：「與過瘦或過胖的人相比，中等身材的人被認為更健康也更具有吸引力。」他進一步說：「這也向所有認為越瘦越好的女性發出了一個信號，那就是並不是越瘦就越有吸引力。」大衛‧佩雷特教授也指出：「參加我們這項研究的男生年齡在18歲至26歲之間，他們並不認為過瘦的女孩更有吸引力。他們更喜歡中等身材的女孩。」而這也呼應稍早之前澳洲所進行的一項研究，其結果是一樣的，那就是擁有「中等身材」比「零號身材」的女性更受男性青睞。

也許有人會說「時尚本來就是一種虛幻，時尚也只不過是商人所操作的一種手段，大家不要太在意大驚小怪」，這種說法或許是沒錯，但是我們一定要認清一點，那就是時尚對今日時下所帶來的衝擊，一旦成為社會的價值與趨勢就很難撼動。而這再次重重地提醒了我們：「當大家在歡度享受時尚產業所帶來喜悅與歡樂之時，也要不時反思時尚背後所暗藏的危機、陷阱與陰謀，要明確的以『真』與『善』來加以檢驗之，如此才能達到真正『美』的價值。」

反擊「紙片人」風潮大崛起

就在全球時尚界開始大舉反擊「紙片人」和杜絕「瘦模」，這也連帶使得大尺碼的「肉模」脫穎而出，順勢成為時尚圈的新寵兒。

首先我們看到，在美國的一些時尚雜誌，紛紛出現找豐腴有肉的女模來拍寫真，顛覆過去時尚刊物，清一色都是以紙片模特兒作為主要對象的邏輯，而原本這只是嘗試性的實驗，結果沒想到卻意外得到相當大的迴響，以及支持的聲音。

首先是美國知名時尚雜誌《Glamour》，在2010年的大膽嘗試，其中最具代表的例子，就是該雜誌找來一位年僅20出頭，身高5呎11吋、體重175磅的麗茲‧米勒（Lizzie Miller），拍攝一系列封面照片，這名「超大尺寸」的模特兒，曾因為身材過胖，被認為不夠資格走上伸展台展示時裝，此次麗茲‧米勒受邀擔任封面女郎拍攝，她一絲不掛呈現真實的身材，還露出肚子上一小圈贅肉，引起時尚界一陣譁然。麗茲‧米勒略為突起的小腹，在以往的時尚界被視為是「不適當」的畫面，它也絕對不可能被刊登在時尚雜誌的封面，此時卻反而成了最佳的賣點（其實，過往在時尚雜誌中模特兒所呈現的完美畫面，很多都是要透過電腦修圖方式，將模特兒身上所謂缺陷的多餘贅肉，加以去除）。不過就在《Glamour》這張封面照片刊出後，短短幾天內該雜誌便收到數以百計讀者的電子郵件，對此表達強烈的支持。因拍攝這些照片一炮而紅的模特兒麗茲‧米勒表示：「模特兒總是活在飢餓的世界中，除了必須具備纖細的身材，還必須從頭到腳都是經過

特別的打扮，最後再經過電腦的一番修飾。」「讀者看慣了經電腦修飾的相片，公式化均勻的身材、紙片般超薄的人形。當女性讀者看到我這張相片，會令她們產生『她也跟我一樣』的共鳴。」「由於時裝界過分鼓吹瘦就是美，令很多女性備受壓力及感到不開心，但其實女孩不論高矮肥瘦和種族，都應該各有不同的美態，也都同樣值得大家的欣賞。」麗茲·米勒不僅透過時尚雜誌贏得支持，緊接而後，她也被邀請在紐約時裝週登台走秀，這也是她個人首次有機會在擔任10年模特兒工作之後，首度登上時裝舞台。

不僅是在美國，英國時尚雜誌界也同樣出現類似的情形，2010年英國出版首本專攻大尺碼女性的雜誌《Just As Beautiful》（一樣美麗），雜誌中的模特兒身材全是大尺碼模特兒。該雜誌編輯本身就是大尺碼的身材，她表明不會用電腦加工方式來處理這些大尺碼模特兒的照片。她希望讀者能體認，不一定要改變身材才能達到真正的快樂，這本雜誌的任務就是要「糾正時下沉溺玲瓏有致身材的偏見」。

響應「打破瘦模歪風」的觀念，在2010年代也同樣受到多家國際知名時尚雜誌界的認同與呼應，繼法國版時尚雜誌《ELLE》，找來大尺碼名模泰拉·琳恩（Tara Lynn）穿著一身純白連身褲亮麗現身，大獲好評（她還因此獲得瑞典國民品牌H&M的青睞，成為泳裝代言人）之後，在2011年義大利版時尚雜誌《VOGUE》，也邀請三位尺寸大一號的模特兒擔當封面女郎，這三位女模雖然沒有細腿、小蠻腰，卻同樣把女性的線條美感展露無遺，就連該時尚雜誌總編輯也為之驚豔，認為這是該雜誌有史以來，最美的一張封面照片。

在這一波時尚雜誌界關切「身材迷失」的問題之後，也引發許多人形成一致的看法：「太多女孩為了盲目跟隨潮流，每天不斷節食，甚至得了厭食症，不但一點也不漂亮，還讓身體亮起紅燈，其實健康結實又充滿自信，才能算得上真正的美女。」；「日後時尚媒體一定要能善盡其傳播教育的功能，為身體的迷失導向正途。」

2010年代除了讓我們看到時尚雜誌「反瘦運動」搶灘成功的情形，大尺碼的「肉模」也擴大攻勢，順利攻占象徵時尚殿堂的巴黎時尚週。在2010年9月28日至10月6日，為期9天的「2011巴黎春夏時裝週」，在伸展台上最受矚目的模特兒，倒不是哪位知名的超級名模，而是素有時尚頑童之稱的法國服裝設計師尚-保羅‧高緹耶（Jean Paul Gaultier），在服裝發表會的開場與謝幕壓軸，邀請美國搖滾樂團「The Gossip」女主唱貝絲‧迪托（Beth Ditto）走伸展台，全名叫瑪麗‧貝絲‧帕特森（Mary Beth Patterson）的她，體重超過90公斤，大噸位的貝絲‧迪托（Beth Ditto）經常穿著一般胖子不敢穿的服裝，例如閃亮的金色、銀色；PVC的連身褲；螢光色胸罩配緊身褲；緊身的豹紋裙；單肩泰山裝等。在藝能界擁有「重磅炸彈」封號的她，其敢秀愛秀的自信，不僅讓她成為秀場上的常客，多位設計名師也都相當欣賞她。肚子能擠出雙層游泳圈的貝絲‧迪托，除了成為《NME》雜誌「搖滾界最酷人物」排行榜的第一名，還跟世界級骨感名模凱特‧摩絲同時入圍《NME》的「年度性感女性」名單。貝絲‧迪托已成為了2010年初時尚界的「New Icon」，甚至還享受與凱特‧摩絲同等的待遇，被「Top Shop」邀請推出服裝系列。只是，極具個性的貝絲‧迪托拒絕了這個請求，原因是因為「Top Shop」拒絕推出大尺碼的設計。當然，頗具生意頭腦的貝絲‧迪托轉而發展自己的時尚事業，大尺碼服裝店「Evans」成為她的選擇，推出一系列大尺寸的款式。她最經典的名言：「我只希望人們更加單純而公平地看待身體，不要摻雜法西斯精神。迷戀肥胖和迷戀消瘦同樣愚不可及。」貝絲‧迪托這位重量級的模特兒，似乎為時尚界高䠶紙片人的迷失，無疑是給了一記當頭棒喝。

第四篇
臺灣時尚模特兒發展史

在2005年2月份《贏家》雜誌（Winner）的封面，以相當醒目的字眼
——「美女打敗電子新貴」作為主標題，旁邊還陪襯寫到：「2005
年臺灣名模產值1兆台幣？」在該雜誌內頁的專題頁中，並以「相對
於電子新貴，一股『美女經濟』旋風似乎已在成形中，其周邊效應更
值得觀察。臺灣『美女經濟』反映的現象，包括去年（2004）一年
……，不少名模進身拍戲，1集價碼10萬元以上，有的名模主持談話
性節目，1集價碼1萬元。當然，拍房地產廣告，從一支價碼在30萬元
至700萬元都有。」

上述所做的焦點專題與報導，確實呈現出臺灣社會一項重要的發展，
那就是國內時尚界的模特兒從2004年開始，在名模林志玲的帶動之
下，引爆一場史無前例的模特兒熱潮，緊接一連串的「名模效應」就
此迅速展開，「時尚模特兒」霎時成為國內社會所關注的焦點人物，
而這也使得國人開始對「模特兒」這個行業或是身分，產生高度的好
奇與興趣。

其實，臺灣時尚模特兒的發展，從王榕生到林志玲；從1960年代選美
會佳麗首度在舞台上走秀亮相，再到大街小巷充斥時尚模特兒代言各
項產品的廣告，這些歷史畫面的點點滴滴，都見證了臺灣時尚模特兒
發展的軌跡與脈絡。且讓我們，就從1960年代到2010年代將近一甲
子的歲月，一同為國內模特兒的發展找尋清楚的定位。

1 1960年代

臺灣時尚模特兒發展的起源

臺灣時尚模特兒的發展歷史，它的進展與國內經濟成長，有著
密不可分的關聯。在1950年代的臺灣，當時國內的經濟狀況，
尚處在「篳路藍縷、艱苦困頓」的階段，一般民眾的穿著打
扮，其基本上都是以「勤儉、實用」為原則，對於時尚流行的
追求，可說是相當的保守。然而，從1960年代之後，這種情形
則出現明顯的轉變，其主因是因為臺灣整體的經濟發展，開始
呈現出穩定的進步，當時除了政府在經濟政策的推動上，獲得
有效的成功；在民間各項企業也都能積極與政府配合；再加上
百姓努力、勤奮的工作，這便促使臺灣的經濟，出現突飛猛進
的成果。受到這一波經濟快速成長的影響，國人在生活品質與
消費能力，也就出現提升的改善。同樣的，這種轉變對於國人
看待「時尚流行」以及「形象美感」，就出現較往昔更加受到
重視的結果，也因此造就了臺灣時尚模特兒發展的有利條件。

各項選美活動的舉辦

1960年代受因於臺灣經濟起飛的影響,連帶使得國人消費能力的提升,這也帶動了大家對穿著與形象有了更加重視的發展。(圖由筆者提供)

愛美是人的天性,舉凡人們在經濟條件狀況改善之下,都會重視外觀與穿著。臺灣在1950年代民眾生活所求僅是安飽、簡樸,根本無心將焦點放在服儀穿著上,但是到了1960年代,由於經濟逐漸穩定,國民所得的提高,生活條件的改善,因此大家才開始重視對美感的要求。就在此基礎之下,大華晚報於1960年6月5日首開先河,在臺灣主辦第一屆中國小姐選拔。本次選拔的每位選美佳麗,在接受美姿美儀的訓練之後,當走在舞台展示時裝、禮服、旗袍時,每一位就成了最佳的時尚模特兒。

由於該次選美活動引發國內相當大的轟動,這也連帶促使許多單位,期望透過選美活動來帶動民眾注意的熱潮,尤其是服飾界,就試圖將選美活動與服飾推廣做結合。例如在1967年國內就曾舉辦過第一屆國產毛衣皇后選拔大會,在比賽中參賽者穿著國產毛衣,做動態服裝秀的演出。緊接在1968年5月6日,於第一屆國產衣料服裝展中,也舉辦「雲裳小姐」的選

美活動，活動中參賽者也出現穿著時裝走秀的項目。這些被選出來的「毛衣皇后」、「毛衣公主」或是「雲裳小姐」，後續並擔任「服裝大使」，她們不僅成功為國產服飾的促銷作足宣傳，也成為最佳的時尚模特兒的代表。而這其中最具代表的例子，就是由選美比賽脫穎而出的林素幸，她在1964年榮獲世界小姐第三名的殊榮之後，便成為國內最受矚目的美麗焦點，也被視為是臺灣時尚流行與模特兒的化身。

商業活動宣傳需求的重視

雖然說，早在1959年國內為了推銷國產品，就曾舉行過「商展小姐」選拔活動，不過在受到「中國小姐選美」風潮來臨的加持之下，更強化國內廠商在進行宣傳與促銷，要找來外型貌美的妙齡女郎，為自家產品的發表會擔任模特兒的風氣。當時在1969年的社會新聞就出現如此的報導：「臺北西寧南路的工業展覽，三陽汽車為推出小型敞篷汽車，還找來四位穿著時髦短裙的年輕女模特兒，為該廠商汽車擔任代言」。

除了「Show Girl」式的宣傳代言外，在當時也會邀請模特兒以時裝走秀的方式，作為推廣產品的一項噱頭。例如，在1967年由時裝雜誌社主辦，中華民國國貨館及臺灣觀光月刊社贊助的國產衣料春季時裝發表會，就安排模特兒走秀。又例如，在1968年5月於臺北中央酒店，由時裝雜誌社主辦，舉行一場國產衣料夏裝發表會，會中模特兒穿著時尚服飾精彩走秀；以及在1968年為推廣國產紡織品與成衣，主辦單位特別選擇野柳風景區，邀請模特兒穿著性感泳裝進行表演。

1960 年由大華晚報所出版的選美特刊---《中國小姐・第一輯》。（圖由筆者收藏）

1960 年代大同全能鍋的宣傳廣告。廣告中出現模特兒代言的畫面。（圖由筆者收藏）

各地攝影協會對模特兒的需求

從1953年中國攝影學會在臺北復會之後，很快的也帶動一些攝影團體的成立，例如在1956年於臺北所成立的「臺北攝影學會」，以及由多位攝影家共同設立的「臺北攝影沙龍」，該團體每個月定期在「美而廉畫廊」，舉辦演講、展覽、比賽等活動，不但開啓了國內攝影的風氣，也培育出許多傑出的攝影家。到了1960年代開始，國內攝影人口快速成長，臺灣各地紛紛成立有關攝影的社團，而各社團所舉辦的活動，也相較於過去更加具規模，其中由中國攝影學會，於1963年開始定期舉辦的「國際攝影沙龍」就是箇中代表，透過展覽、比賽不僅帶動臺灣攝影家作品的交流與提升，也連帶讓模特兒有了更多曝光的機會，尤其是許多攝影社團為了磨練社員的攝影技巧，經常邀請模特兒擔任外拍的對象，模特兒一時成為熱門的需求，而這也讓國內的模特兒又多了表現的舞台。

1960 年代擔任外拍
的女模特兒。
（圖由筆者提供）

1961 年擔任棚拍的女模特兒。（圖由筆者提供）

實踐家專服裝設計科的成立

1960年代一位擔任實踐家專服裝設計科畢業展的模特兒。實踐家專服裝設計科自從創立以來,每年都會舉辦應屆畢業生的服裝動態展,而擔任走秀的模特兒都是一時之選,社會對於實踐大學每年舉行的動態展,也都表達高度的關注與重視。(圖由林成子提供)

國內服飾專業教育到了1960年代初,出現空前的重大改變,那就是在1961年由當時的實踐家專(自1997年8月改制為實踐大學)成立服裝設計科。這是國內在大專院校首創的科系。這個科系的設立,著實提升並改變大家對服裝專業的概念與認知。該科系成立的緣起,是因為有鑑於國內紡織、成衣業的蓬勃,體認到應該在大專院校設立服裝設計科系,以培育服裝成衣高級專業的人才;並期望透過設計理念的融合,來提高服裝產品的附加價值。科系的成立對國內衣飾文化的重視以及服飾產業的提升,確實帶來極大的貢獻,其貢獻有兩項重點:其一是,它將流行文化概念帶入到服裝養成教育並影響服飾產業,例如所培育出來的學生,進入到就業市場,將其所學到的服裝設計影響到業界,有效提升國內業界

實踐家專服裝設計科首任創科主任林成子教授（前排中間），於 1960 年代率領師生
在學校音樂廳一起展現時尚的風潮。（圖由林成子提供）

1960 年代擔任時尚展示模特兒。
（圖由林成子提供）

對服裝設計的水準，並讓國內服飾業者更加重視設計的品質；其二是，它帶動國人對服飾美感的重視，讓國人對時尚服飾與形象美，有可依循的指標，例如每年該科系所舉辦的服裝動態都造成轟動，而該科系對時尚美的評價、看法與呈現，均成為社會大眾的一項重要指標。

當然不論是「有助國內業界對服裝設計水準的提升，拓展國內服裝業重視設計」；或者是「帶動國人對服飾美感的重視，引發國人對時尚服飾與形象美的關注」，這些都直接影響國內時尚模特兒的發展。所以說，實踐從家專到大學，這個科系所著重「時尚美、服飾美、設計美、形象美」的「四美合一」，確實孕育出許多具服飾專業的時尚模特兒，難怪坊間就稱呼實踐服裝設計系是培養有質感模特兒的搖籃。

無線電視先後開播的帶動

眾所周知，電視的出現對人類文化所造成的影響與衝擊是相當巨大的，在臺灣首家的電視公司「臺灣電視公司」，它成立於1961年，該公司並於1962年10月10日正式開播。繼台視首開國內電視公司之後，「中國電視公司」也於1969年10月31日正式開播，成為我國第二家電視公司。由於電視能將影像、畫面快速傳送到每一戶家庭，讓觀眾在家裡就能及時看到資訊，其中在服飾形象穿著方面，觀眾經由電視螢幕上人物的穿著打扮，除了更普遍、更快速獲得服飾流行的訊息，甚至還能帶動模仿與學習，改變了國人在視覺上的習慣。

對於電視具有帶動流行時尚文化的這項功能，電視公司也懂得加以運用，尤其是借重服裝表演來提高收視率。例如在1962年11月27日，臺灣電視公司就曾舉辦國產衣料的時裝表演，穿著時髦新潮的時尚模特兒，透過電視畫面的傳遞，讓這個年代的國內觀眾，開始對時尚模特兒的這樣角色，有了新鮮的印象。當然這對國內才開始起步的時尚模特兒，又多了可以開拓無限寬廣的嶄新舞台。

臺灣第一代時尚模特兒

1969 年的鄧麗君。她經常受邀擔任商品代言或是店家開張的嘉賓，長相甜美的她堪稱當時最佳的模特兒。看到她的模樣也不得不讓我們聯想到同個時期英國最受矚目的知名時尚模特兒崔姬（Twiggy）。（圖由筆者提供）

若要問1960年代的當時，誰是最具代表的時尚模特兒？黃亞梅、趙明、羅平秀、葉秀麗、劉愛倫等人，相信都是數一數二代表的人物。只不過當時國內尚未出現模特兒經紀公司，所以模特兒無法透過經紀人的運作來提高她們的曝光率，也因此使得一般人對這些模特兒的認識有限，難以留下深刻的印象。

在當時為商品擔任代言人，除了有模特兒專職擔任這項任務之外，外型姣好、人氣指數高的藝人也會兼職擔當。舉例而言，國際巨星鄧麗君（1953-1995），在她年輕時期的1960年代就已受廣大歌迷的愛戴，在國內她經常受邀擔任商品代言或是新店開張的嘉賓。1969年12月27日鄧麗君更首次前赴香港登台。隔年1月，鄧麗君參加香港工展會的「白花油之夜」，16歲的鄧麗君籌得善款5,100元，成為當夜的「白花油皇后」，並榮獲「白花油慈善皇后」的美譽。

2 1970年代

國內時尚模特兒發展的飛揚

如果說1960年代是國內時尚模特兒發展的草創期，那1970年代就是國內時尚模特兒的發展期。有了1960年代各項條件所打下的基礎，到了1970年代，臺灣時尚模特兒的發展，瞬時引爆開來，出現了史無前例的熱潮。時尚模特兒的服裝表演，在當時1970年代已成為臺灣民眾最喜歡的表演活動之一，每場時裝展示或是發表會，往往都能吸引許許多多好奇民眾的注意，以及媒體熱切的關注，當然一篇篇服裝走秀的報導，也就成為當時報紙中，社會版面的焦點新聞了。舉例來說，在1970年9月於臺北國賓飯店所舉行的冬裝皮衣服裝秀，該項活動藉由模特兒走秀方式，展現國產塑膠衣料製作服裝的成果，結果引來國內媒體界熱烈的報導。又例如，在1972年華航於飛往高雄的班機上，安排了一場空中時裝表演，模特兒穿著時尚的盛裝在飛機走道上走秀，這也成為當時日報的焦點新聞。又例如，贏得1973-1974年「時裝公主」的吳希文小姐，於1974年5月在臺北中央飯店，她與國內知名模特兒穿著歐美時尚服飾一同走秀，這場服裝秀亦引來新聞媒體熱情的報導。再例如，於1975年3月由臺北今日公司所舉辦的「第二屆國貨皇后選拔」，佳

麗們分別穿著性感泳裝及禮服走秀，當天活動宛如一場時裝發表會，而化身為時尚模特兒的佳麗們，她們專業的台步，也成為攝影記者捕捉畫面的焦點。

國內第一代服裝設計師崛起的助攻

國內服裝設計的發展從1960年代初開始萌芽，在經過一段時日之後，到了1970年代總算獲得肯定。此時所崛起的第一代國內服裝設計師，計有王碧瑩、郭心穎、賴麗瓊、龐維屏、徐莉玲、王榕生等人最具代表，而這些服裝設計師，她們對國內時尚模特兒的帶動，更是扮演起舉足輕重的影響。相關事蹟列舉如下：1.王碧瑩於1974年7月在臺北音樂城餐廳舉行夏季時裝發表會，演出的模特兒有陳淑麗、黃佩儀、吳立言、沈曼光、藍玲、杜愛蒂等人；在1975年3月王碧瑩又於臺北狄斯角酒店舉行春裝時裝發表會，同樣也邀請到當時走紅的模特兒，為活動走秀演出。2.郭心穎在1974年8月於臺北希爾頓飯店舉行秋季服飾發表會；以及在1977年12月於同地點舉行冬季服飾發表會，兩場服飾發表會，郭心穎都邀請國內知名的模特兒擔當演出。3.設計師賴麗瓊於1975年2月在臺北圓山美軍俱樂部，邀請中外模特兒舉行一場「七五年春裝發表會」。4.設計師龐維屏於1975年9月在臺北希爾頓飯店舉行秋冬季時裝展，而出色的模特兒，很自然的就成為當時媒體報導的焦點。5.設計師徐莉玲於1976年6月在華倫餐廳舉行夏日少女輕便服發表會，參加的模特兒有鄭必琳、杜愛蒂、藍玲、包翠英、周丹薇等人；以及在1977年7月徐莉玲於臺北統一飯店所舉辦的夏季服飾發表會，邀請多位國內知名的模特兒為此次活動熱情演出都同樣引來媒體的爭相報導。6.設計師王榕生分別在1975年12月於臺北統一飯店舉辦冬裝時裝展；以及在1976年於同地點舉辦春裝展，展出40套新款服裝；並且在1978年10月於臺北圓山飯店舉辦一場冬季時裝展發表會（該場有1,000多位觀眾出席）。王榕生的每一場服裝發表，都會邀請國內最知名的時裝模特兒，為展出走秀擔任演出，而這些充滿時尚魅力的模特兒，也都是當時時尚界最亮眼的一群。

在上述眾多例子裡，其中最為傳奇的人物，就是有「臺灣時尚教母」之稱的王榕生。她不僅是位傑出的服裝設計師，也是臺灣第一位站上國際伸展台的名模。話說王榕生在1968年她從香港的大學畢業之後返台，隨即便在台視的「婦女時間」節目主持服裝設計的單元，這原本是一檔指導臺灣女性如何在節儉的前提下，提高衣服穿著價值的節目，沒想到卻成為引領臺灣進入時尚風潮的平台。當時王榕生經常邀請模特兒穿著她所設計的服裝做展示，而這一做就是3年的節目，每週一套的「王榕生服裝」，就成為全臺灣女性學習模仿的最佳範本。1971年，在臺灣功成名就的王榕生來到紐約另謀發展，1972年榮獲了「美國百萬美元模特兒」的殊榮（她是第一位也是唯一一獲此項殊榮的亞裔模特兒）。擁有「華人世界第一名模」光環的王榕生，在女兒出生後與家人一起又回到臺灣。1977年王榕生在臺灣創立了個人的時裝公司「Eliza Couture」，並創辦《王榕生時裝》月刊，而這份由國人所創辦的專業時裝雜誌，也讓時尚模特兒的形象相較過往更顯專業。

1966 年秋冬號《時裝》雜誌第 2 期封面為國際名模王榕生。（圖由筆者提供）

由王榕生塑創辦的《王榕生時裝》月刊。（圖由筆者提供）

國外服飾業者與機構來臺進行交流

從1970年代國外服飾業者與相關機構紛紛來臺,其不僅帶動國外品牌在臺灣市場的成長,也為國內引進最新的流行資訊,這些業者與機構,甚至還經常安排國外專業模特兒與國內模特兒同台演出,當然這對國內時尚模特兒,在專業表現上又多了一些交流與精進的機會。從當時相關的媒體報導中都可窺知一二,例如,在1972年6月美國天人時裝表演團,於臺北遠東百貨公司舉行新款泳裝發表會,這場服裝秀由國內與國外專業模特兒一同演出。又例如,國際羊毛局倫敦總局派毛衣推廣部部長,率國際服飾專家和知名模特兒來臺,協助1978年12月8日在臺北圓山飯店所舉辦的「九七年最新流行羊毛發表會」,該服裝展示的當天,並由中英14位國際模特兒擔當演出,吸引1千多位毛衣商與中外來賓前來參觀。

政府經濟部門藉服裝發表會帶動熱潮

國內工商單位以動態服裝秀作為吸引人潮的策略,雖然早在1960年代就已經開始,不過要到1970年代才變得較為頻繁,由於效果奇佳,所以也引來政府單位的效法,不時以服裝動態秀來作為賣點。例如,外貿協會為協助國內成衣商推廣外銷,在1974年3月於臺北圓山飯店舉辦「臺灣成衣外銷推廣展售會」,邀請來華的外國成衣商參觀採購,會中並安排時尚模特兒走秀。又例如,臺灣成衣外銷推廣展覽會籌備委員會及中華民國對外貿易發展協會,在1974年9月於臺北圓山飯店舉行臺灣成衣外銷推廣展,在該次推廣展除規劃靜態展示之外,並安

排動態時裝秀。又例如，經濟部工業局與國際羊毛局，在1977年1月聯合舉辦一場「七八至七九年巴黎純羊毛流行發表會」，透過服裝表演的呈現，提供給國內羊毛針織業者參考。再例如，為協助我國紡織品及成衣業者拓展外銷，中華民國對外貿易發展協會，於1977年3月7日至11日舉辦展售會，展售會期間並安排時尚模特兒走秀。

臺灣第一代名模的代表周丹薇在 2004 所出版的一本專書。（圖由筆者提供）

臺灣第一代名模的誕生

正因為國內時尚走秀的蓬勃，也因而成功培養出如鄭必琳、杜愛蒂、藍玲、包翠英、周丹薇、陳淑麗、黃佩儀、吳立言、沈曼光、王碧瑩、張宜宜、王釧如、王榕生等多位時尚模特兒，成為臺灣的第一代名模。這些被冠上「臺灣第一代名模」的她們，擁有姣好的外貌、曼妙的身材，以及講究時髦的穿著，與當時影視女藝人一樣受到社會大眾的重視，並且成為時尚流行中最受矚目的焦點之一。

1981 年的陳淑麗（左）、沈曼光（中）、王釧如（右）。她們 3 人早在 1970 年就已成名，是臺灣知名的第一代名模。（圖由《芙蓉坊雜誌》提供）

1979年「華歌爾」的一則廣告。創立於1970年國內女性內衣的第一品牌「華歌爾」，在廣告宣傳的投入著力很深，確實為國內廣告模特兒的發展帶來相當大的助益。（圖由「臺灣華歌爾股份有限公司」提供）

實踐家專為慶祝中華民國開國 60 週年（1971 年）特別舉辦盛大的服裝展，
並邀請模特兒擔當走秀。（圖由筆者提供）

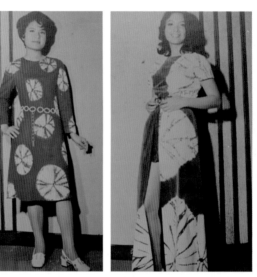

實踐家專為慶祝中華民國開國 60 週年（1971 年）特別舉辦盛大的服裝展，
並邀請模特兒擔當走秀。（圖由筆者提供）

3 1980年代

國內服飾業者自創品牌的影響

有了之前所建立起的基礎，到了1980年代國內時尚模特兒的
發展，出現更趨成熟的現象。尤其是在1984年8月30日，當
時的行政院長俞國華先生，指示經濟部及有關部會，要從速
輔導各廠商建立自創品牌，受此影響，這使得國內服飾界的
廠商、業者加重自我品牌的開發。除了有服飾廠家業者積極
開發自創品牌之外，當時一些服裝設計師也紛紛開始成立工
作室，並盛行將自己姓名做為個人品牌的名稱，以期建立出
屬於個人的設計風格，這些設計師並且在當時，聯合成立了
「中華民國服裝設計師聯誼會」。為了要加強宣傳，除了有
服飾業者與設計師個人積極籌辦服裝秀之外，「中華民國紡
織外交拓展會」也自此更積極與服飾界者、設計師合作，並
且舉辦多次的服裝聯展秀。這些不僅促使國內服裝秀的發展
更趨蓬勃，也連帶讓時尚模特兒有更多的機會受到重視。此
時的時尚模特兒，不但為服飾界業者、設計師擔任走秀的模
特兒，也擔任平面目錄的模特兒。

1980 年代臺灣時尚界最重要的發展，就是國內服飾廠家業者積極開發自創品牌，而為了建立自家品牌形象，服飾業者對模特兒的水平投入更多的關注，這也讓更多符合資格的少女加入模特兒圈，帶動國內模特兒的發展。（圖由《芙蓉坊雜誌》提供）

1980 年代臺灣時尚界最重要的發展，就是國內服飾廠家業者積極開發自創品牌，而
為了建立自家品牌形象，服飾業者對模特兒的水平投入更多的關注，這也讓更多符
合資格的少女加入模特兒圈，帶動國內模特兒的發展。（圖由《芙蓉坊雜誌》提供）

國內專業服飾流行雜誌開始的蓬勃發展

在1980年代之前，國人想要從國內雜誌來瞭解服飾流行資訊，還是非常的有限，舉凡只能憑藉一些女性、家庭、生活或是影視類的雜誌，來獲取片段的訊息，例如大家所熟知出刊於1960年代的《電視週刊》（該週刊於1962年10月由台視公司所發行），以及《婦女雜誌》（該雜誌創刊於1968年）為代表。還有就是出刊於1970年代的《女性》、《美麗佳人》、《家庭》、《時報週刊》等刊物。

然而到了1980年代，就在國內雜誌界出現百花齊放的榮景之下，國內時尚雜誌的市場，也有了大幅度的進展，除了有來自歐、美、日各國流行雜誌大量的引進外；在另一方面，由國人所發行的專業服飾流行雜誌，也開始在臺灣登場，這些由國人創辦的專業時尚雜誌，不同於過去那種只是簡單教導消費者如何穿著、打扮的專欄；或是只呈現影歌星的穿著而已，這些新型態的刊物，是以流行時尚作為核心，以更加細膩、周延、完整的視野，來呈現時尚的氛圍。另外，在諸多刊物中，相當值得一提的是，創刊於1981年4月，由林俊堯先生所發行的《芙蓉坊雜誌》。這份雜誌最大的特色，就是它能同時兼顧國際與國內流行時尚的資訊，尤其是該刊物中出現大量的國內時尚模特兒，此為往後國內時尚雜誌與時尚模特兒密切的關係奠定了相當紮實的基礎。

1981
4月／5月號

芙蓉坊

PHOEBES
JOURNAL
雜誌

● 1981芙蓉春裝
● 將靈魂烙印

創刊於 1981 年的《芙蓉坊雜誌》不僅兼顧國際與國內流行時尚資訊的刊載，該雜誌同樣對國內模特兒風氣的帶動也是深具影響。封面為當時的名模陳淑麗。（圖由《芙蓉坊雜誌》提供）

專業模特兒經紀公司的成立

國內模特兒經紀人的型態，雖然可追溯至1970年代就已經開始，不過當時經紀人的制度並不健全，對模特兒的服務項目也不周延，也因此模特兒的市場，就呈現一團混亂的情形。對於這種情形，一直要到1980年代，在專業模特兒經紀公司的成立之後，才有了具體的改善。

在1980年代所成立的模特兒經紀公司中，要以許燊芳於1983年所成立的「千姿模特兒經紀公司」（PT Models），最具代表也最具規模。我們從1980年代服飾廠商的服飾型錄來觀察，就經常可以看到這些型錄中，許多模特兒都隸屬於該公司，就可見一斑。「千姿模特兒經紀公司」從1983年成立之後，到1985年著手擴大海外亞洲市場，到1986年引進歐美模特兒，並開始以歐美模特兒作為公司模特兒的主力（往後甚至在2000年，於加拿大溫哥華也開設分公司，2002年於上海成立分公司，並於2006年與上海市政府合作，舉辦「2006上海國際時裝模特兒大賽」）。至於說到該公司所培養出來的時尚模特兒，其中最具代表就是蕭薔（1968-），本名叫蕭秀霞的蕭薔從1980年代後期進入「千姿模特兒經紀公司」，參與多項時裝模特兒工作，不論是擔任平面模特兒或是時尚走秀，她都相當受到歡迎，後來她將主力轉戰演藝圈發展，從1990年代至2000年初，事業聲望達到顛峰，並且還被媒體封為「臺灣第一美女」的雅號。

除了「千姿模特兒經紀公司」之外，成立於1989年8月5日的「采姿國際模特兒公司」，也是國內另一家老字號的模特兒經紀公司。這家模特兒經紀公司所屬的模特兒，也同樣經常出現在許多平面廣告，並且活躍於時尚活動與秀場中。

國內婚紗產業開始的蓬勃

過去臺灣一般的結婚照都是在結婚當天才拍攝，不過從1980年代開始之後，婚前的外拍或是棚拍，就成了每一對新人，在婚禮之前必須要執行的一項人生大事，這種轉變不但造就婚紗店出現經營多元化的服務，也連帶讓整體造型有更大的發揮空間。第一，讓每位新娘都能成為最佳的女主角；第二，讓婚紗店有更好的形象來吸引消費者的注意；第三，讓婚紗店跟上流行時尚，要達到這三個目的，就需要外貌出眾的時尚模特兒來擔任橋樑的工作，而這也使得時尚模特兒的表現空間，又多了展現的舞台。

國內出現國外模特兒的身影

除了上述之外，在這個年代裡，國內模特兒界的發展，還出現一種是過往所沒有的現象，那就是「不論是在平面或是秀場上，經常可以看到國外模特兒的身影」，而之所以出現這種現象，其主要原因有三：其一是，臺灣時尚市場對模特兒的需求快速增加，現有具專業水準的國內模特兒，已無法滿足市場大量的需求。其二是，廠商與設計師較偏好國外模特兒，因為考量到國外模特兒的身材較高䠷、比例較勻稱，以及考慮到國外模特兒的外型，能為自己產品的國際化，帶來加分的效果。其三是，多位國內知名模特兒轉戰娛樂圈發展成為藝人，所以使得時尚界，逐開始選擇以國外模特兒來彌補國內模特兒流失的情形。受這三項因素的影響，造就了國外時尚模特兒大舉進入國內市場的情形。

1980 年代知名模特兒張瓊姿（右）展示國內設計師的設計。（圖由《芙蓉坊雜誌》提供）

1980 年代知名模特兒張瓊姿走秀。以模特兒出道的張瓊姿後來轉戰影視圈擔任演員。（圖由《芙蓉坊雜誌》提供）

1980 年代蕭薔（左）為國內服裝品牌擔任模特兒。
（圖由筆者提供）

1980 年代蕭薔（左）擔任模特兒時的畫面。原名蕭秀霞，
2013 年改名為蕭盈盈，也就是大家所熟知的蕭薔。以模特
兒出道的她，在接拍伊蕾絲褲襪廣告之後一炮而紅，日後
更以演員身份成為名人。（圖由筆者提供）

享受溫柔自在的天空

1985 年為「華歌爾」擔任模特兒的李芳雯（右）。李芳雯連續六年擔任「華歌爾」專屬內衣模特兒，讓李芳雯博得「內衣皇后」的美名。（圖由「臺灣華歌爾股份有限公司」提供）

Wacoal
華歌爾

暖冬的隊伍 蘭姿
THE HOT PARADE
圖左：LT-1617 LB-1530　圖右：LT-1530 LB-1530

4 1990年代

國內社會對流行時尚求「變」的渴望

在1990年代的歲月裡，我們可以清楚感受到臺灣民眾一股追求「變」的意識正在抬頭。而這股意識，不僅顯露於國內政治社會的環境中，讓我們看到影響的具體事實；同樣的，這股「求變的心態」，也呼應在流行時尚的邏輯裡，讓臺灣籠罩在濃烈的流行時尚氛圍之中，造就了「流行時尚」成為許多人生活型態裡的一項重要部分。所以說，臺灣民眾對流行時尚的敏感度與要求，相較於前也就大幅提升了許多。

就臺灣民眾在服飾穿著打扮上，以及對形體造型的看法，其主要的審美價值，發展到這個階段，可說是已經全盤的西化，而且與西方時尚的潮流，呈現出接近於無時差的同步化。在這個階段，我們窺視到國內的服飾流行文化，不僅有重度消費文化的情形，也有全球化及國際化的身影，同時亦有哈日風及嘻哈風的烙印。不過，此時最值得一提的是，臺灣在邁入後工業進入服務業的時代，雖有模仿但也開始體會出「創新」的重要性。

在 1990 年代對許多人而言,「流行時尚」
已成為生活型態中相當重要的一部份,受到
這個趨勢的鼓舞,不僅讓國內模特兒的發展
更趨活絡,也造就了一些具個性化的模特
兒,有了孕育而生的契機。(圖由《芙蓉坊
雜誌》提供)

1990 年代臺灣時尚受西方時尚潮流的影響,讓服裝設
計師更樂於展現不同的創意思維,當然這也考驗了模特
兒需要具備更多的專業,才能精準詮釋設計師的作品。
(圖由《芙蓉坊雜誌》提供)

有線電視開播之後的影響

臺灣自1962年10月10日無線電視開播以來，電視節目就與國人的生活產生緊密的關聯。而這種關係的發展，到了1990年代又有了重大的突破，那就是在1992年1月30日行政院通過有線電視法草案，並預定開放48家電視台，自此一改過去只有三台獨霸的局面。

國內電視節目中有關服飾流行時尚的資訊，從1960年後期台視的「婦女時間」節目，到1980年代華視的「嬌點」節目，雖然每個節目都提供國人對流行新知的獲取，甚至節目中還安排模特兒走秀展示服裝的內容。然而，對於時尚模特兒出現在電視頻道節目中，就在1990年代有線電視的開播之後，電視頻道的瞬間增加，以及電視節目快速的爆增下，時尚模特兒出現在電視節目的機會，也就更大幅的提升，甚至成為節目的一項賣點，正因為時尚模特兒曝光率的增加，不但使得時尚模特兒的發展空間更加開闊，也讓國人對時尚模特兒變得更加的關注。

國際時尚雜誌中文版發行的影響

在1990年代，傳播媒體對國內時尚模特兒發展的影響，除了電視節目的擴增之外，另一項也是具有突破性的影響，那就是國內流行雜誌界，開始出現國際知名專業時尚雜誌的中文版。

眾所周知，知名又專業的國際時尚雜誌，是國際流行時尚的一項重要指標，在1990年代之前，這些刊物都是屬於外文版本，在國內也較不普及。然而就在1990年代之後，這種情形有了重大的改變，因為從1990年代開始，一些國際時尚雜誌，紛紛來臺灣成立中文版，而開啟這項風氣的先河就是《Harpper's Bazaar》，該刊物於1990年1月19日，以《哈潑時尚臺灣國際中文版》一名，正式在臺灣發行出刊。繼之而後，在1991年與1996年，也先後有《ELLE》與《Vogue》兩份國際知名服飾流行雜誌，以中文版方式在臺灣出版發行。

由於這些知名的國際中文版時尚雜誌，所呈現的畫面影像，其專業性、時尚性、美感性與國際性都相當高，除了一方面提高國人對流行時尚文化的鑑賞力；另一方面也對國內時尚模特兒的地位與學習有所提升。當然，國內模特兒經由這個平台，藉此學習、交流、表現的機會，也能達到國際級的質感與視野。

女藝人明星搶拍寫真風潮的影響

臺灣出版界到了1990年代初期，開始出現一種奇特的現象，那就是一些女藝人明星掀起拍攝寫真集的風潮，這些寫真集為了吸引注意、創造話題、提高銷售，甚至還出現一些限制級的畫面。女藝人從美少女徐若瑄以《天使心》為首的寫真集，到接連而來的郭靜純、田麗、徐華鳳、楊林、陳明真、喻可欣、天心、郁芳等人，紛紛出版養眼的寫真集、影音光碟。在論及這種現象，似乎說明了除了讓女藝人更勇於展現身體，也連帶影響國內時尚模特兒在肢體的展現上，由保守、含蓄、典雅，轉趨更加大膽、開放、性感的重口味。

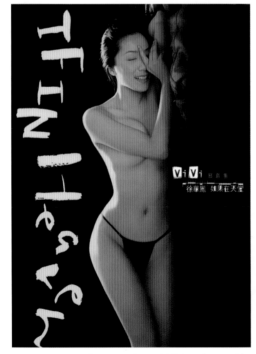

1990年代國內出現一種史無前例的風潮，那就是許多長相出色的女藝人，願意輕解羅衫來搶拍寫真集。相信這種風潮不僅讓臺灣社會的觀念更趨於開放，同樣對國內模特兒的發展也帶來鼓舞的作用。

臺灣社會掀起重視形體美的影響

從1990年代開始，國人對「體態審美價值觀」有了重大的轉變，那就是除了女性更加樂於展露個人性感的體態美之外，另一項重點，就是普遍重視體態改造的經營。就在展露個人性感體態美的影響下，女性對服飾的穿著，更加敢於嘗試「表現出性感與裸露的穿著觀念」，甚至社會對這種現象還給予正面的評價。至於普遍重視體態改造的經營，我們看到大量關於改變體態的廣告與商品，充斥在我們的周邊，這些商業化的產物，都是希望女性能塑造出一個擁有「高䠷」、「消瘦」、「豐胸」、「翹臀」的「新時代摩登女性」。甚至有些業者在建立這種「理想完美的形象」，還經常以時尚模特兒作為主要投射對象，當然這也無形當中，使得模特兒成為「女生想學習她；男人想擁有她」，被稱羨的對象。

1990年代臺灣對體態美觀念，就在相關利益業者的精心操作下，帶動了國內「身體改造工程運動」的風氣，社會甚至還出現「要有個模特兒般的身材」，做為理想外貌的宣傳口號。

Show Girl蓬勃發展的影響

說起國內Show Girl的發展，其實最早的雛形可追溯自1960年代，當時在國內所舉辦的工商展示會，就已經出現廠商找年輕貌美的妙齡女子，穿著時髦的服飾，為產品進行宣傳促銷的情形，只不過這種模式，在那個時候並不普遍，而且也僅屬少數。至於說到讓國內Show Girl能順利發展，這關鍵則要歸功於臺北世界貿易中心了。位在臺北信義區的世界貿易中心，是一座多功能的工商服務展演設施，該中心自1985年12月31日正式落成並啟用以來，它不僅成為臺北的重要景點之一，更是國內舉辦展覽活動最重要的場所。展覽中心從開展以來，便吸引大批觀眾的參觀，尤其到了1990年1月8日開始，相關擴建工程陸續啟用，讓臺北世界貿易中心的聲勢看漲，尤其在走入「現代四合一建築」的時代之後，更成功吸引國際廠商與消費者的前來。

正因為臺北世界貿易中心展覽活動的規模不斷地日漸擴大，廠商之間的競爭壓力也變得越來越大，而如何在會場有效地捉住參觀民眾的注意力，也就成了每一家廠商首要面臨的問題。正當各家廠商努力規劃出各種吸引觀眾的方式之際，有些公司就想出奇招，僱用展示小姐為公司產品進行宣傳，結果相當成功引來大批的人潮擠入，而這種以Show Girl作為噱頭的舉動，也就引發其他商家廠商紛紛的跟進，自此開始，國內Show Girl的文化便熱烈展開，而成為展覽中不可或缺的一部分。我們可從1990年開始，出現在一些媒體的報導，就可窺知從1990年Show Girl對展覽活動影響的事實，例如

1990年4月24日《經濟日報》的〈秀展女郎有魅力，電腦廠商有興趣〉；1990年9月29日《民生報》的〈她抓得住觀眾〉針對「臺北世貿中心」的Show Girl，做專題報導。當然隨著時間的邁進，國內業者邀請Show Girl為活動站台的情形，也就更加普及，甚至順理成章變為展覽活動中必備的項目。

由於每次展覽活動，都有許許多多參展廠商祭出Show Girl的策略，這也讓國內Show Girl的市場，呈現出快速蓬勃的發展，所謂「有市場必有競爭」，Show Girl就在「臉蛋好、笑容甜、身材佳、穿得少，才能吸引更多人潮」的定理下存活。正當觀眾對Show Girl條件的要求越來越高、口味越來越重之時，許多廠商家為了面子，於是轉而邀請知名度高的模特兒，化身為Show Girl為活動站台拼場，這也使得一些專業的工商展活動，被譏諷「已把焦點模糊」，像是在辦一場廟會競賽，大伙「只在乎熱鬧，不在乎專業」。

2004 年 7 月在「臺北世貿中心」所舉行的臺北多媒體展，高䠷的模特兒為產品做宣傳。（圖由「飄靈圖庫」提供）

2005 年 2 月長相甜美的 Show Girl，在「臺北世貿中心」為臺北電玩展站台代言。
（圖由「飄靈圖庫」提供）

Show Girl的蓬勃發展，確實對國內時尚模特兒帶來相當大程度的影響，尤其是讓有意一圓模特兒夢的少女，找到另一個可以秀出自己的舞台，使得模特兒這個名詞變得更加通俗平民化。不過在另一方面，這也讓原本時尚模特兒的角色，出現模糊不清的情勢，使得Show Girl可以走秀，時尚模特兒也可以當Show Girl的情形，造成「Show Girl」與「時尚模特兒」兩者混為一談的誤差。其實嚴謹而論，兩者的專業是不同的，時尚模特兒的工作，主要是以呈現專業的時尚形象為重點，而Show Girl的工作，則是以產品展示、活動主持、舞蹈表演、發送傳單，帶動與吸引人潮與買氣為主。所以，難怪有人要批評臺灣的模特兒經紀公司有失職之罪，讓時尚模特兒該有的專業形象脫焦，降低了時尚模特兒該有的格調。

2004 年 8 月在「臺北世貿中心」所舉行的臺北電信展，模特兒為產品做展示。（圖由「飄靈圖庫」提供）

熱情洋溢的 Show Girl 是 2005 年 2 月臺北電玩展的焦點。（圖由「飄靈圖庫」提供）

到了 1990 年代臺灣境內對模特兒的需求大幅增加，這也使得有更多人投入模特兒這個行業，相形之下社會一般人對模特兒素質的要求，也較過往提高了許多。（圖由「飄靈圖庫」提供）

5 2000年代

「混血模特兒」在國內的崛起

「2000」這個年代，對臺灣時尚模特兒的發展而言，是一個
既燦爛又嶄新的時代。臺灣時尚模特兒從沒沒無聞與缺乏專業
的處境，歷經數個年代的成長與蛻變，到了21世紀的此刻，總
算在國內創造出史無前例輝煌的局面，甚至還出現一些過往未
曾見過的情事，舉一例而言，在2000年代裡，國內時尚模特兒
界首度出現混血模特兒的崛起。說到混血模特兒的崛起，我們
知道，外國模特兒出現在臺灣時尚雜誌刊物或是時尚發表會舞
台，其實並不稀奇，甚至當我們在翻閱國內服飾廠商的目錄，
還經常會看到外國模特兒的身影，不過從2000年代之後，國
內模特兒的市場，則出現了一項明顯的變化，那就是除了國內
本土的模特兒，以及來自歐美、俄羅斯的白人模特兒之外，還
出現第三種的類型，那就是「混血模特兒」。說起混血模特兒
的崛起，其實與臺北微風廣場還有著密切的關聯，因為這家強
調國際時尚精品的百貨公司，業者都會定期邀請模特兒擔任廣
告代言，而被遴選擔任廣告代言的模特兒，也將成為時尚界的
寵兒、媒體界的常客，甚至還被視為是新人竄紅的捷徑（名模

日本與巴西混血的知名模特兒香月明美
（Akemi）為 2011 年 12 月臺北國際新
車展代言。（圖由「飄靈圖庫」提供）

林志玲就是在2003年擔任該公司第一屆廣告代言人，這也讓林志玲與微風兩者得到雙贏的結果）。在2005年之後，該公司先後選用日本與巴西混血的香月明美（Akemi）及臺灣與巴拉圭混血的楊俐思（Liz）擔任廣告代言人，這不但使得兩位混血模特兒，在國內成為話題的焦點，獲得超高的人氣與曝光率，同時也改變了國內模特兒市場的生態。

國內少女時尚雜誌普遍的影響

國內本土時尚雜誌的發展，到了1990年代的後期，開始出現一項重大的變革，那就是這些本土雜誌的業者，看準青少女是塊可開發的市場，於是開始在原有經營媒體的基礎下，推出以年輕族群為對象的流行時尚刊物。而首開先河的，就是「薇薇國際多媒體集團」在1998年10月所創刊的《COCO哈衣族》，該公司成立於1984年5月，早在1985年就已針對成熟女性，創辦時尚流行刊物《薇薇》雜誌。

由於這種專為年輕族群量身訂製的專業服裝雜誌，受到市場熱烈的迴響與好評，這也使得國內時尚雜誌市場，到了2000年代出現少女時尚雜誌蓬勃的榮景。其中有大家所熟悉，如「時報周刊股份有限公司」，所推出專為17-25歲少女，提供全方位流行資訊的《愛女生》雜誌。「美人文化集團」旗下的「甜心文化事業股份有限公司」，所推出以年輕女孩為對象的《Sugar甜心穿》雜誌。

到底這些以年輕女孩為對象的時尚雜誌，受到國內市場的如何青睞？這個問題我們似乎可以從「2002-2004年金石堂流行時尚類雜誌銷售排行榜」的資料，看出一些端倪。該資料顯示，在2002年《Sugar甜心穿》與《COCO哈衣族》分占第一和第五名；2003年與2004年《Sugar甜心穿》兩年分別勇奪第二和第一名，而其他的少女時尚雜誌也都有很亮眼的銷售成績，甚至同一家公司所出刊的發行量，少女時尚雜誌就比成熟女性時尚雜誌，遠遠多出許多（例如《薇薇》雜誌每月發行量為8萬本，《COCO哈衣族》則為16萬本，足足多出一倍之多）。

這些暢銷的少女時尚雜誌，不僅在內容上成為年輕女孩認知時尚的一本寶典，雜誌中的時尚模特兒，更是深受年輕女孩讀者的喜愛，視她們為模仿學習的偶像（甚至還出現成立粉絲團）。至於對這些年輕模特兒而言，她們視少女時尚雜誌是個跳板，因為若能在暢銷的少女時尚雜誌嶄露頭角，除了可提高個人知名度，增加媒體曝光率，在往後的模特兒生涯，也能獲得更好的機會。當然，這些1、20歲出頭少女級的時尚模特兒，對國內時尚模特兒發展最大的影響，就是讓時尚模特兒的年齡層，因此向下延伸。

電視購物台蓬勃的影響

臺灣的電視購物雖然開始於1992年，但真正在電視呈現出專業的購物平台，則要到1999年8月11日東森購物台的成立才有了新機。自1999年12月21日開播以來，到2001年3月開始的24小時訂購服務，這不但讓國內的電視購物市場進入一個嶄新的紀元，也讓許多人的購物和消費習慣有了重大

的改變。東森購物為了應付快速成長的市場，從2003年1月1日開始，由一台擴大為兩台，當該年的8月會員人數超過百萬人，12月日營業額更突破了1億元，在這些亮眼的成績逐漸浮現之後，也促使東森購物於2004年1月1日成立第三台。

到了2005年國內電視購物市場進入到激戰年，因為除了東森購物的第五台於1月1日正式開播之外，同日富邦MOMO購物台也開始加入電視購物的戰場，緊接於8月10日又有中信ViVa TV購物頻道的開台，這使得國內電視購物形成「三強鼎立」的局面。

當然，從電視購物台的出現以來，它也直接影響到時尚模特兒的發展，因為頻道中的銷售過程，除了有主持人、代言人、名人的推薦介紹之外，還包含模特兒的展示與走秀。透過電視畫面，時尚模特兒的演出不斷的在被播送，這也使得電視購物台，成了時尚模特兒曝光率最高的地方之一，讓觀眾對時尚模特兒的熟悉度大大增加。

至於說到電視購物台的模特兒，其實每一家電視購物台都會擇優慎選，甚至還會透過比賽活動，甄選出屬於自家公司的專屬模特兒。例如以「東森模特兒」為名號的模特兒就是其中的代表。

網拍市場活絡的影響

行銷通路模式的轉變，不僅對國人購物的習慣帶來影響，也連帶牽動國內時尚模特兒發展上的成長。

在2000年代裡，除了電視購物台的崛起，為國內時尚模特兒的發展帶來革命性的影響之外；另一項也是行銷通路的的──「網拍」，同樣為國內時尚模特兒的拓展，帶來具突破性的影響。

自從電腦資訊普及之後，國內網路市場漸入佳境，由於日漸快速發展與普及，這也使得賣家之間的競爭更加激烈，為了讓自家商品呈現更好的質感，提高競爭的優勢，首當其衝就是對畫面品質的要求更加的講究，過去那種草率粗糙的拍攝，逐一被淘汰，尤其在服飾商品的類別中，賣家也注

意到模特兒的重要性（因為銷售業績與模特兒的條件；以及攝影的品質成正比），所以也就更加積極選擇條件佳、外型搶眼的優質模特兒，來擔當自己產品代言的時尚模特兒。就在這種局勢發展之下，一些網拍通路商，甚至還特別大肆舉辦「正妹選秀比賽」，比賽優勝者或條件出色者，還被網羅成為該旗下的模特兒。所以說，網路世界確確實實，提供國內時尚模特兒發展，另一個寬闊的展演舞台。

「Cosplay」角色扮演熱絡的影響

「Cosplay」這個字，是由「Costume」與「Play」兩個英文字所結合而成，它是指「以服飾和道具的配搭，加上化妝造型、身體語言，扮演自己喜愛的角色」，換言之就是利用飾演方式來表達對特定角色的熱愛。一般來說，扮演者所扮演的角色，主要包括漫畫、動畫、電玩、電影、樂團、布袋戲等偶像為主。這些扮演者必須傳神地去飾演心儀的對象，甚至還要能達到「形似」和「神似」。所謂的「形似」是指外形要相似，例如服裝、道具、化妝、甚至髮型都要相似。「神似」則是指神韻要相似，例如舉止、動作、神態、情緒都要相似（偶像的招牌動作當然更是不能少），以達到與喜愛的角色交融合一的境界。對於這些扮演者，在國內一般也就以「Cosplayer」或COSER （簡稱）這個字眼來稱呼。

臺灣的「Cosplay」大約是源自於在1980年代，當時是一群志同道合的年輕人，他們基於對電影、卡通、漫畫中某些人物的崇拜，透過簡單的方式，模仿製作出偶像的戲服與道具，並將之穿戴，與同好相互觀摩欣賞，進而取得認同。然而，到了1990年代之後，由於商業操作的介入以及網路資訊發展的蓬勃，這使得臺灣的「Cosplay」出現快速驚人的成長，甚至還發展出萬人以上大規模常態性的聚會活動。

2004 年 7 月在臺大校園舉行的「Cosplay」角色扮演活動。原本一開始只是屬於年輕次文化團體的聚會活動，演變成展示與拍照的熱門活動。（圖由「飄靈圖庫」提供）

這原本屬於年輕次文化團體的聚會活動，發展到了 2000 年代，其規模組織不但變得更加龐大，扮演者的服裝造型也是更加的專業，儼然就是一場盛大的嘉年華會，當然這也引來媒體的採訪與報導，使得「Cosplay」的聚會受到社會高度的關注，甚至在 2008 年歲末，高雄市政府還以「動漫高雄、精采樂活」為活動主題，結合同人誌與「Cosplay」舉辦系列活動，藉此為地方帶動活力。

說到國內模特兒的發展，同樣的也與這項次文化產生密切的關聯，其原因，是因為每次「Cosplay」聚會，都會招來大批攝影愛好者前來獵取鏡頭，而這些攝影作品也會被「Po」在專屬的網站或是個人的部落格，其中長相出色、甜美的「Cosplayer」，不僅能吸引眾多網友的點閱，甚至還能成為宅男宅女們熱情的支持。而這些擁有超高人氣，愛扮演的「Cosplayer」，甚至也就順利進入到模特兒界，使得「Cosplay」成為模特兒發跡的另一個重要平台。

2006 年 7 月在臺大校園舉行的「Cosplay」
角色扮演活動。扮演者以模特兒之姿引來眾
多攝影者的搶拍。（圖由「飄靈圖庫」提供）

2009 年 4 月在臺大校園舉行的「Cosplay」角色扮演活動。許多擁有超高人氣的「Cosplayer」，藉由參與「Cosplay」角色扮演活動，順利進入模特兒界發展。（圖由「飄靈圖庫」提供）

平面八卦媒體刺激的影響

媒體對國內時尚模特兒的發展，一直扮演關鍵性的影響。其中在平面媒體部分，從1980年代國內專業服飾流行雜誌開始的發展，到1990年代國際時尚雜誌中文版的開始發行，再到2000年國內少女時尚雜誌發行的普遍，這些都直接帶動時尚模特兒蓬勃的發展。除了這些專業的時尚刊物之外，創刊於2001年5月31日的《臺灣壹週刊》對國內時尚模特兒的發展也同樣有很深的影響，雖然《臺灣壹週刊》是一份綜合性的刊物，不過該雜誌卻安排相當多的模特兒，出現在刊物的內容中，加上這份期刊又是每週發行的週刊，流通率也相當高，所以對時尚模特兒的見光度有相當大的助益。同樣的，強調以花邊、八卦、腥羶新聞為訴求的《蘋果日報》，於2003年5月2日開始在臺灣出刊，這份由母公司「香港商蘋果日報出版發展有限公司」，來臺發行的日報，相較於臺灣一般的日報，對於娛樂時尚報導有更多的篇幅，尤其是對臺灣時尚模特兒，不但經常當成焦點新聞報導，對於時尚模特兒影像更是時常以大篇幅的方式加以突顯，使得國內的模特兒成為主要的焦點人物，而這對臺灣時尚模特兒的發展是具有深遠的影響。

模特兒經紀公司的影響

雖然說，國內專業的模特兒經紀公司，早在1980年代就已經出現成立的歷史，不過一般社會大眾對國內模特兒經紀公司的印象，則是停留在相當模糊的狀態。然而這種情形，到了2000年之後，就在時尚模特兒高度曝光之下，總算有了明顯的改變，民眾開始對國內一些模特兒經紀公司，有了較為清楚的概念，甚至還能喊出一些公司的名號，如「凱渥」、「伊林」就是代表。

隸屬伊林（Eelin）模特兒經紀公司的名模殷琦，於 2004 年 8 月出席臺北汽車改裝車代言活動。（圖由「飄靈圖庫」提供）

成立於1997年的「伊林模特兒經紀公司」（Eelin），雖然起步較「凱渥模特兒經紀公司」（Catwalk）要來得晚，不過由於該公司經營得宜，這也使得臺灣模特兒市場形成「凱渥」與「伊林」雙龍爭霸的情形。

國內這兩大龍頭的模特兒經紀公司，能把臺灣模特兒的事業帶到空前高潮的境界，其實都是行銷操作的成功所致，兩家公司不但都相當懂得操作媒體與宣傳，例如安排模特兒主持電視節目、參加電視節目錄影、主演偶像劇、推出平面宣傳品（包括有專書、筆記書、寫實月曆、桌曆……等），並且積極透過比賽活動的舉辦，來引起社會大眾的關注。例如「伊林」從2004年開始舉辦「ELITE MODEL LOOK國際模特兒選拔活動」。「凱渥」除了從2007年首次舉辦「凱渥夢幻之星CATWALK GIRL選拔賽」之外，並且仿效美國相當火熱的節目「America's Next Top Model」（超級名模生死鬥），與電視台合作推出「決戰第一名」的模特兒選拔，號稱是臺灣版的模特兒生死鬥。

凱渥（Catwalk）模特兒經紀公司旗下的名模林若亞，擔任 2004 年 12 月臺北國際
車展代言。林若亞因 2005 年申報綜合所得稅一事，結果促成了喧嘩一時的「名
模條款」。（圖由「飄靈圖庫」提供）

由於國內模特兒市場競爭的激烈，為了爭取模特兒代言，兩大龍頭的模特兒經紀公司還爆發了口水戰，甚至還登上新聞報導的要聞。不過白熱化的競爭，也讓這項產業博得更多被關注的眼神。

林志玲效應的影響

如果說專業的模特兒經紀公司，是鼓動2000年代，這一波時尚模特兒風潮的主要操盤手。那無疑的，時尚模特兒林志玲，她就是帶領這一波風潮，模特兒界的第一人。雖然說林志玲早在2000年之前，就已進入模特兒這個行業，而且從事這項工作也已經有相當的時日，不過要到2004年，林志玲才開始以她個人獨特的魅力，引爆國內模特兒進入到從未有過的熱潮。

不僅僅是林志玲個人在國內享有極高的知名度與曝光率，就在她的影響下還產生了一連串的效應，甚至還將之稱作為「林志玲效應」。

「林志玲效應」的影響，我們看到電視傳媒中出現較過去更多的廣告畫面，是以走秀方式來呈現商品的情形；時尚模特兒所代言各式各樣產品廣告更加的普及；模特兒的新聞變成了大夥討論的焦點話題。

這一位被稱為「臺灣第一名模」的林志玲，她所帶動的「美女經濟」與「名模效應」，正是這個時代（或是這個世代），所代表的一種新的價值、新的理想、新的風貌。

林志玲的魅力無法擋，似乎已達到令人嘆為觀止的地步。林志玲究竟有何魅力，能有如此的超人氣？雖然這個問題很難周延回答，但至少她讓我們感受到：始終流露天真的笑容，加上親和力十足的神態，再加上高挑修長的身材，於工作時又能展現出模特兒該有的專業架勢。

雖然林志玲的走紅已經有一段時間了，但她受歡迎的程度始終居高不下，其超高的知名度也一直歷久不衰，所以難怪國內模特兒界，到2000年代的尾聲，在模特兒間一提到模特兒，還是視她為不可取代的精神領袖，一提到模特兒圈的排名，第一名的排序，仍舊是「除了林志玲還是林志玲」的標準答案，甚至國內模特兒界還稱林志玲是「永遠的臺灣第一名模」，把她與臺灣名模畫上等號的關係。

有「臺灣第一名模」之稱的林志玲，她於2009年11月出席一場電子產品的代言活動。（圖片由 LGEPR 拍攝）

由中華民國紡織業拓展會所主辦的「臺北魅
力」，每年都會邀請國內最優良的服飾廠商
參加連展。2007 年「蘿琳亞塑身衣公司」
受邀參展，並由知名名模王尹平擔當走秀。
（圖由「蘿琳亞塑身衣公司」提供）

享譽國際知名品牌「蘿琳亞塑身衣公司」，在 2006 年結合國內名模為新款產品發表會走秀。
（圖由「蘿琳亞塑身衣公司」提供）

受到國內名模效應的影響，年輕
女孩更願意參與模特兒走秀的活
動。（圖由實踐大學提供）

受到國內名模效應的影響，年輕女孩更願意參與模特兒走秀的活動。（圖由實踐大學提供）

6 2010年代

是穩健發展？抑是退燒當頭？

綜觀國內模特兒的發展，從2004年「名模熱潮」的興起，一路到2010年代為止。從國際視野來看，雖然也有多位臺灣模特兒進軍國際時尚圈，並且成功站上國際伸展台，但她們與國際時尚界頂尖的超模相比，不論在收入或是名氣，都還是有一段相當大的差距。對於出現這種差距，倒不是國內模特兒本身的條件差或者是努力不夠，而是有其主、客觀條件上的限制所致。尤其是當今西方時尚霸權的國家，仍完全主宰著「時尚形體美」的準則時，這對東方面孔的華人模特兒來說，要能有更多發展的空間與機會，其實是相當困難的。

就從國內社會來看，雖然說2010年代之初「模特兒」在國內還是被社會大眾強烈的關注，而且是話題不斷，不過隨著時間的演進，到了年代後期，似乎「淡化」了許多，出現不如過往那般熱絡的情況，並形成沒落的走向。其實這種「消退」的現象，是讓炒熱一時的「模特兒」，一切都回歸到正常的步調。

臺灣超模盡在車展中見身影

如果要問：「國內知名模特兒，每年度最重要的時尚大秀，到底出現在哪裡？國內模特兒最殷切盼望，參與的秀到底又在哪裡呢？」對於這些問題的答案，其實不是在哪家服飾廠商，或舉辦新裝發表會的伸展台，而是每一屆臺北新車大展，或是其所衍生相關的車展活動。

就以每個年度的「臺北車展」而言，它不僅聚集國內最知名的一線名模，它更成為模特兒要藉此提升個人知名度的一個重要跳板，因為每一家車廠都會以較優渥的酬勞，精挑細選，找到最優質的模特兒，來為該企業建立形象，而模特兒經紀公司，也會相對應地，提供最好的模特兒讓車商挑選。所以，這就是為何國內模特兒界，把「臺北車展」當成年度最重要的「一線戰區」之原因了。

回顧2000年之後，在臺北所舉辦的新車大展，我們從所進行活動中一二則新聞的解讀，就不難看出模特兒，在車展成為一項重點的事實：

(1)2004年1月3日至11日，在臺北世貿中心舉辦「2004臺北新車大展」。主辦單位有鑑於國內與日俱增的「名模效應」，於此次車展展出前夕，還特別舉行了一場「第一屆校園姿優美女選拔活動」，在近百名參賽佳麗中選出最優質的12名，並邀請她們於車展期間擔任活動的親善大使，藉此也為她們開拓一條模特兒之路。除此之外，國內多位知名模特兒也使出渾身解數，為各大廠牌車商賣力演出。

(2)2005年12月24日至2006年1月1日，「2006臺北新車大展」以「總身價最高的名模」作為活動的噱頭。其中中華三菱大手筆重金禮聘包括陳思璇、洪曉蕾、洪小鈴、白歆惠等8位一線名模擔當演出。

(3)2007年12月29日至2008年1月5日的「2008臺北新車大展」，在展覽活動前夕，首度舉辦網路徵選「Car哇伊天使」活動，該活動所選出的「Car哇伊天使」，將成為本次車展官方網站的代言人。該項活動與伊林模特兒經紀公司合作，並且由該旗下一線名模姚采穎擔任評審，藉此為新人提供一個進入模特兒界的管道。除了挖掘新人活動之外，國內多位知名的一線名模，也為不同車廠代言展示。

(4)2009年12月26日至2010年1月3日的「2010臺北新車大展」，最具人氣與吸睛的就是展場上的模特兒了。此次「凱渥」與「伊林」兩家國內雙霸的模特兒經紀公司，紛紛推出最優的一線模特兒，藉此車展活動相互較勁。

知名模特兒江政怡擔任 2009 年 12 月臺北國際新車展宣傳活動。（圖由「飄靈圖庫」提供）

(5)2010年12月24日至27日的「2011臺北新車大展」，雖然規模相較之前縮小許多，但多家車商依往例，安排國內知名模特兒擔任展示。其中車廠「Luxgen」推出「夢幻之星」冠軍名模吳家葳作主打；車廠「Volvo」則力邀「2002 Supermodel of the World」臺灣區冠軍名模林可彤，由她領軍「Volvo」專屬模特兒，一同以熱舞來應戰。

(6)2015年12月26日首日開幕的「2016臺北世界新車大展」，本次主辦單位特別將展場安排在臺北世貿一館以及南港展覽館兩處，試圖衝高展覽的效益。這屆展覽，特別以「名模領軍，為勁車增色」為口號，因為名模一直是臺北世界新車大展的特色。各大汽車公司與模特兒經紀公司合作（例如Nissan與伊林及風暴等經紀公司合作，找來堅強的名模陣容），並由名模向消費者介紹旗下的主打的車款，讓勁車與美女相互輝映。

看來車展中的各家車廠，不僅要跟同行比車款的品質，還要比模特兒的素質，模特兒在車展所扮演的角色，似乎已超越了車款的重要性了。

連結兩岸模特兒的絲綢之路

2010年代兩岸關係的活絡，也同樣擴及到兩岸模特兒界的市場，首先在2011年2月13日，大陸最具規模的模特兒經紀公司「新絲路」董事長，率領首席名模張梓琳等40位陸模一行人來臺交流，該團並分別為苗栗與臺中燈會活動登台走秀。此次「新絲路名模團」首度大規模登台，可說是別具意義，因為根據「新絲路」總裁表示，為因應名模經濟從伸展台走向更龐大、跨國界的時尚產業，該公司已著手從模特兒公司，跨向國際時尚文化傳媒集團，並以2011年作為「美女經濟」發展的關鍵年，他期望能以「紅顏殺手軍團」，搶攻全球時尚舞台，擴大業務範疇、增加產業價值。另外，「新絲路」總裁也指出，隨著模特兒走向時尚文化市場，講究文化素質、多元發展，臺灣模特兒在這些方面具優勢，該公司將在臺設立公

知名模特兒張景嵐於 2014 年 1 月
擔任臺北國際車展擔任新車展示。
（圖由「飄靈圖庫」提供）

有「電眼名模」之稱的名模殷琦，為 2009 年 12 月臺北國際新車展
擔任新車展示。（圖由「飄靈圖庫」提供）

司，而臺灣的「新絲路」，也將積極搶攻國際舞台。對於兩岸模特兒市場的互動，其實早在大陸「新絲路」來訪的3個月之前，臺灣「伊林」便已經登陸設立據點，並且簽下約30多位的陸模。另外，「伊林」也預計每季派出10位臺灣模特兒西進，以搶攻兩岸模特兒的市場。

從大陸2011年2月分「新絲路」的首度訪臺，在事隔4個月之後，於2011年6月24日，曾有「中國第一名模」之稱，現任服裝設計師的馬艷麗，帶來自創品牌的設計作品及唐雯、于宛平等6位大陸名模來臺走秀。馬艷麗特別宣布，大陸「新絲路」模特兒機構，將來臺設立分公司，並且在7月舉辦模特兒選秀大賽，未來將把臺模推向大陸與國際舞台，挑戰臺灣「伊林」、「凱渥」兩大模特兒經紀公司，在臺灣長期獨霸時尚的地位。面對「新絲路」虎視眈眈的來襲，臺灣本土模特兒經紀公司，也以「歡迎共榮市場」加以回應。

大陸「新絲路」的跨海宣言果然成真，在臺灣所舉行的「第一屆新絲路模特兒臺灣大賽」相關活動，果然如預期的，從2011年7月正式開跑，並在9月10日舉行了決賽，看來大陸以模特兒之名，進攻臺灣時尚界的企圖，是不容小覷的。

「瘦模」的話題引爆在臺灣

在國內的時尚界以及模特兒圈，長期以來對骨瘦如柴的模特兒，並無特別的偏好，所以說，在臺灣是沒有如同國際時尚界，深陷在「瘦模迷思」的危險中。不過大概是受到從2000年代後期到

2010年代初期，西方時尚圈盛行「打擊模特兒激瘦」的影響，在2010年8月，國內有監察委員也插一腳，關心起「過瘦」的問題。挑起話題的監委指出，當大家都只注意學生體重過重時，其實大約有四分之一的學生，體重是過輕的，該監委並主動點名「像是林志玲之流」，這樣的模特兒對孩子產生不良的影響，讓孩子誤認為「要瘦才漂亮」（根據網路上的資料，林志玲身高174公分、體重53公斤，BMI值為17.5，照衛生福利部公布的一般成人的體重分級與標準，林志玲的BMI值是稍嫌過瘦了一些）。在全國教育局處長會議專題報告時，監委還引用教育部體育署的調查結果，表示各級學校學生體重過輕比率達22.6%，國小生過輕比率更高達24.9%，大專生過輕比率為16%，其中大專女生過輕比率達23.5%，幾乎每4個學生就有一個體重過輕。監委進而表示，受到社會偏差觀念影響，很多國小學童為愛漂亮竟然不敢吃太多，小小年紀就學大人減肥，導致體重過輕，尤其許多女學生總覺得自己體重過重，而節制飲食，學校雖然每學期都會檢查學生的身高與體重，但在發現學童體重過輕或過重時，卻沒有給予協助與改善。教育部長在回應監委時表示，學生不要拿模特兒做標竿，身高體重都要適當，身材均勻才美麗，教育部將和衛生福利部研究，是否能找到男、女各一名「典範」，做為學生角色認同的對象。無緣無故被牽連，引發這場風波的林志玲，透過經紀人表示，對監委發表的內容，她個人無法評論，但她強調平時飲食均衡、多喝水並且常運動，來保持身體的健康。

至於在國內，最佳男性形象的代表前總統馬英九，他的BMI值又為何？依據公式的運算，若以馬總統2006年的體重78.5公斤，除以177公分的平方，則為24.9，此BMI值為逼近肥胖的標準（BMI值大於24以上為肥胖）。

教育部有意找到男、女各一名「典範」，來做為學生角色認同的對象，以強化年輕學子對個人身體健康建立正確的觀念。在此特別建議，何妨分別找馬總統與林志玲來擔任「健康典範模特兒」的代言，相信一定能達到最佳宣傳的效果。

活動加分也要靠模特兒

在2010年代裡，國內模特兒的新聞，依舊經常散見於各類媒體的版面中，國內許多活動的規劃都樂於安排模特兒前來站台，以為活動帶動人氣。其中最具媒體版面效益，分別有以下四則報導。

(1)「雙十國慶模特兒走秀最吸晴」。在2010年雙十國慶的國慶花車大遊行，首度邀請國內模特兒參加，這支美麗的隊伍，是由伊林模特兒經紀公司的101位模特兒所組成，該隊伍由身穿紫色洋裝的名模林嘉綺坐在花車上領軍，其他的模特兒則穿上T-shirt、牛仔褲、平底鞋等輕鬆裝束步行，這些模特兒並走完她們人生當中最長的伸展台，足足有4.8公里。

(2)「林志玲為花博代言獻聲」。為了帶動臺北市所盛大舉辦的花博會，主辦單位特別在2010年10月17日舉辦了一場演唱會，演唱會除了邀請多位重量級專業歌手輪番上陣開唱之外，其中最引人矚目的，就是邀請，擔任本活動的，親善大使林志玲，為代言獻唱，鮮少公開高歌一曲的名模林志玲，此次金口一開，不僅讓現場氣氛HIGH到最高點，似乎也成功為花博會活動的展開，帶動參觀的宣傳。

(3)「五都選舉名模參一腳」。國內首度舉辦的五都大選，國民黨為拉抬首都選情，特別在2010年11月21日的最後超級星期天，舉辦一場名為「為臺北而走」的大遊行，遊行的現場以卡通人物、造型空飄氣球貫穿全場，營造嘉年華氣氛。這場遊行的主打訴求是「臺北起飛，希望民眾為臺北未來美好生活而走」，臺北市市長參選人郝龍斌，一身機長制服勁裝上場，而其中最引人矚目的是，伴隨郝市長旁10位穿著空姐短裙制服的伊林模特兒，她們修長的雙腿，一字排開齊步走，成為現場最醒目的選戰焦點。

(4)「名模點亮建國百年燈節」。2011年建國百年的臺灣燈節系列活動中，承辦單位在元月時邀請凱渥模特兒經紀公司蔡淑臻等名模，穿著親善大使服裝代言走秀，藉此為活動的暖身加分，這次造勢的模特兒，已儼然成為臺灣燈節中最閃亮的亮點。

Photo by Yogendra Singh on Unsplash

（圖由實踐大學提供）

模特兒學歷不分高與低

自從20世紀的90年代，臺灣社會引爆「辣妹文化」的話題之後，也連帶激起「正妹文化」的效應。而這種效應到了2000年初，當與「名模熱潮」相互結合激盪，便直接促使國人普遍對形體美重視程度的大躍進。就在這種大躍進的背景下，國人針對「美貌與學歷之間的看法」，也出現重大的轉變。過去都認為「女生只要會念書就好，不要太重視外表」、「當模特兒和愛打扮的人，都是一群不喜歡也不會念書的人」，這些理所當然的觀念，開始受到質疑。

就在模特兒風潮的加持之下，國內出現強調高學歷的「正妹模特兒團」，正式孕育而生，其中臺大的「臺大十三妹」與「臺大五姬」的出現，以及稍後崛起的「政大四姬」，都引來社會不小的矚目，甚至在2010年初還飆起熱烈的討論：「到底臺大生當Show girl是對還是不對？」；「高材生靠外貌走秀、為商業產品代言，是庸俗到極點的工作嗎？」；「高材生不應該出賣色相？」等話題的激辯，而不論所持的角度、觀點如何，可以肯定的是，在2010年初「美貌與學歷之間的看法」，確實有了不同於過往的思維。

不讓「臺大十三妹」、「政大四姬」專美於前，老字號的國營事業「台灣電力公司」，在2011年1月由13名台電辣妹組成了「電心女孩」（Dancing Girls），以青春活力行銷台電，這是台電史上第一個官方舞群，也是國營事業第一個模特兒級的辣妹舞群。這13名成員都是任職於台電各單位的美女，她們分別來自業務處、公服處、資訊處、燃料處等單位。台電公司表示：「電心女孩」年齡從23歲到32歲不等，2010年6月成軍時全都未婚，每次練舞，總是吸引許多宅男粉絲到場圍觀。這群辣妹不但年輕漂亮，更重要的是，他們的學歷各個都是嚇嚇叫，有政大、成大研究所畢業的高材生。

我們相信「職業不分學歷的高低。有高學歷的條件，也可以從
事展現外貌的工作。高學歷當然也可以擔任時尚模特兒」的看
法，正逐漸被多數人所接受。

模特兒圈與藝能界不分家

說到國內模特兒與藝能界的關係，始終一直存在著相當微妙
的關係，早在1970年代「臺灣第一代名模」如包翠英、周丹
薇、陳淑麗、王釧如等人，就順利從模特兒圈轉入演藝圈，成
為知名的電視或是電影明星。爾後，出身模特兒界的蕭薔，
更從1989年主演電視劇《情深無怨尤》之後，成為炙手可熱
當紅的知名藝人。2000年代初受到臺製偶像劇開始發燒的影
響，國內許多知名模特兒也紛紛兼差演起偶像劇，這不但大大
提高模特兒的曝光率、增加個人知名度，對國內戲劇界也提供
了更多生力軍的投入，為國內偶像劇提高收視率。

到了2010年，在眾多偶像劇中，又以該年11月分所首播的
《犀利人妻》最具代表，劇中女主角是由國內知名模特兒隋棠
擔當演出，這位曾被減肥名醫讚譽為：「在國內模特兒中，身
材是最接近黃金比例的一位」，成功演活劇中悲慘人妻的角
色，而「小三」（第三者）一詞更成為時下最夯的流行語。演
藝得意的隋棠，在該劇2011年4月分下檔恢復模特兒身分之後
便代言不斷，活動接到手軟，其人氣指數迅速飆高，甚至一些
網路民調還呈現出隋棠的人氣指數超過林志玲的情形。看來要
在國內模特兒界尋求發展，也是需要有戲劇演出的加持，才是
正道了。

名模林志玲一直都是國內模特兒界最
具指標性的人物，她不僅進軍日本與
日劇天王木村拓哉搭檔合演《月光戀
人》（勇闖日本戲劇市場的林志玲，
因主演該劇而贏得日本觀眾媒體的
喜愛，日本女性雜誌《Grazia》還在
2011年請林志玲擔當一整年的封面
女郎，這也是該雜誌的一項創舉）。
另外，林志玲在接連參與《赤壁》與
《刺陵》電影的演出之後，她也開始
轉型，改以巨星的姿態出席活動。偏
好在日本發展的林志玲，在2011年還
接演日本《赤壁》舞台劇，並以電影
《赤壁》為發想的舞台劇，共分《赤
壁-愛》和《赤壁-戰》2部，於8月8
日在東京青山劇場首度上演的《赤壁
-愛》，由人氣團體「放浪兄弟」的
AKIRA和林志玲同台演出（2019年倆
人並結為連理成為夫妻）。林志玲一
連串日本的海外拓展，似乎為日後國
內模特兒朝向海外演藝界發展，提供
了最佳的典範。

不過在藝能界的另一個領域歌唱界，
國內模特兒試圖轉行的情形，似乎就
不太順利，雖然林志玲曾為《刺陵》
一片填詞演唱主題曲〈帶我飛〉，
但在唱片界似乎並未引起太多的共鳴

《犀利人妻 -- 最終回》的劇照。2010 年 11
月首播的《犀利人妻》偶像劇，由名模隋棠
擔當女主角。

（對於市場冷淡的回應，志玲姊姊應該感慨「知音」難尋吧！）。至於進一步說到模特兒組團轉入歌唱界，最令人熟悉的例子就是「JAM」。這個歌唱團體是由伊林模特兒經紀公司旗下的3位模特兒所組成，她們成軍的起因，是因為2003年記憶卡公司SanDisk於產品發表會中，邀請多位專業模特兒來介紹新產品，在眾多的模特兒中SanDisk特別發現，其中Ava、Monica、Kelly這3位的表現最敬業。隔年，在SanDisk第二度產品發表會中，特別邀請Ava、Monica、Kelly為自家產品擔任代言，此時剛好有一家唱片公司，發掘到Ava、Monica、Kelly這3人的歌唱才藝，並進一步與她們簽約，打算成立第一支由模特兒組成的合唱團體，團名叫「E-Models」，但原訂4月底要出片的計畫，受困於該公司經營的問題，最後宣告停擺，3個人之一的Kelly也因為要投入戲劇生涯，決定離開3人的組合。不過隨後在2004年9月，一家音樂公司從推薦的資料中發掘到Ava、Monica以及同為模特兒的Jill，在伊林公司的安排以及無數次的試錄後，終於在2004年底這家音樂公司正式與Jill、Ava、Monica簽約，並為這

3人組取了一個新名字「JAM」。但是很遺憾，國內這支首由模特兒組成的合唱團體，禁不起市場嚴格的考驗，很快的也就消失得不見蹤影。

大概是受到韓國女子團體「Wonder Girls」紅翻天熱潮的影響，在2010年臺灣又新崛起一支女子團體「ZERO+（ZERO PLUS）」，這支女子團體並於2010年7月趁勢出了一張《Sha La La La》專輯，除了由身兼電玩節目主持人、Show girl、模特兒、舞者於一身，素有「宅男殺手」封號的模特兒邵庭領軍之外，其他成員也有數位曾擔任模特兒。雖然每一位成員都很賣力，但在市場嚴苛的考驗下，最終還是讓這個女子團體陷入有志難伸的命運。

繼「ZERO+（ZERO PLUS）」之後，打著以「模特兒」旗幟為號召的女子演唱團體，又再度出現於國內，2011年3月23日一支享有「宅男女神」、「女神天團」等美譽的「Dream Girls」正式誕生，「Dream Girls」這支女子演唱團體，是由國內的李毓芬、郭雪芙以及韓國籍的宋米秦，3位長腿模特兒所組合而成，3位得意於模特兒界的寵兒，懷著初

（圖由實踐大學提供）

生之犢不畏虎的精神，決定挑戰一場「由模特兒界轉戰歌唱界」的高難度任務。不過，直至2013年下半年，就整體來看，「Dream Girls」各項代言宣傳的頻繁，似乎遠遠超越她們歌聲所受到的關切，例如在「2013FHM臺灣區全球百大性感美女」票選中，勇奪性感女星后冠的郭雪芙，許多人對她甜美短髮的外貌都留下深刻的印象，但是一提到她也是歌手，並出過專輯，知道的人就不多了。

雖然說，以模特兒的姿態作為進入歌唱界招牌，並無法如想像中來的順遂，其成功率也不會因此而提高，但是以這種模式作為一項策略或噱頭，相信日後應該還是會繼續持續下去的，因為以「模特兒」作為話題，起頭時還是會強化一般人關注的焦點，畢竟大家在欣賞樂音美聲時，視覺也希望能達到美的一致與統一。

第一家庭的名模女婿

2013年國內最受矚目的世紀婚禮，就首推馬總統千金的婚事了，而引爆全國民眾高度的關注，除了是這場婚事的整個過程，神祕與低調得令人匪夷所思，對於謎樣般的第一男主角，更是讓大家好奇得不得了，「他是何許人也？長相如何？他是做何行業？學經歷又如何？」一連串的疑問，都環繞在這位神祕人物的身上。

謎底最後終於揭曉了，正如大家所期待的，駙馬爺與馬總統一樣，都是系出同門的名校哈佛大學，不過當箭頭指向蔡駙馬的

經歷，就讓大家「瞠目結舌」了，因為蔡駙馬曾經的身分是模特兒，而且還是一位國際級的名模。

其實蔡駙馬算得上是模特兒界的亞洲之光，他有多個廣告作品在全世界播放，曾經走過Armani等大品牌的時裝秀，是國際伸展台中極少數能被賞識的亞洲男模（因為亞洲女模要走上國際伸展台就已經相當不容易了，更何況是亞裔的男模）。對於駙馬爺能在國際伸展台獨占鰲頭，依模特兒經紀公司專業的分析，認為他能在如此競爭的國際時尚舞台脫穎而出，就蔡沛然本身而言，他的優勢是擁有東方臉孔、西方身形。他臉部線條剛毅、一雙單眼皮和飄逸長髮，形象鮮明；再加上倒三角的健美體魄，和188公分的高大身形，是標準的模特兒身材。蔡沛然從小出國留學，語言、文化較無隔閡，這都有利於駙馬爺在國際伸展台闖蕩、遊走。就蔡沛然所屬的模特兒經紀公司來看，他曾隸屬於國際知名的模特兒經紀公司「NEXT」，該模特兒經紀公司，在國際模特兒圈算得上是實力雄厚，該經紀公司勢力範圍遍及紐約、倫敦、米蘭等地，網站model.com票選五十大超模中的Arizona Muse、Meghan Collison等人，都來自該公司。所以說，蔡駙馬走這個行業是得天又獨厚，萬事條件都均齊備。

綜觀此事，自從駙馬爺的身分曝光後，還接續引發許多連鎖的討論，有人把重點放在第一家庭與馬千金的身上，認為原本以為馬家與馬小姐會找個斯文型的書香世家，沒想到「歐買尬」口味居然這麼重。也有人把重點放在蔡沛然「高富帥」的外型與條件上，認為他將成為臺灣女性夢寐以求的夢幻新偶像。也有人把重點放在蔡沛然模特兒身分的收入上，認為他的條件太稀有，若有意來臺灣跑時尚趴，廠商一定樂於砸下重金，絕對比外傳一場要價200至300萬元的「林志玲級價碼」還要高。

（圖由實踐大學提供）

國內模特兒圈也都殷切盼望，蔡沛然能返國加入國內模特兒的行列，視他為臺灣模特兒界的救世主，因為以他現在的身分一定能帶動臺灣模特兒產業的活絡，不僅讓臺灣男模能在國際模特兒圈增加能見度，也讓國內模特兒的收入能有機會向上看俏，甚至還能為國內模特兒帶來第二春。

一樣擁有第一家庭成員的頭銜，卻沒想到，這前後任駙馬爺的身分，從趙醫生轉變為蔡名模，這種轉變，似乎在在都讓我們看到時代的價值觀，正悄悄的在改變中，也考驗著我們對民主化、多元性，所能承受的接受度。

第一名媛成為超級代言的名模

在民國近代史中，林徽音、陸小曼、宋氏三姐妹，被公認是民國經典的名媛代表，這些名媛她們都同樣符合：「名門之女」、「才貌雙全」、「對社會有貢獻」這三大標準，是盛極一時、名副其實的人氣名媛。

至於這幾年，臺灣「名媛」猶如雨後春筍般大量冒出，這些勤於遊走各項社交圈、曝光率極高的名媛，不論她們是企業少東夫人、千金小姐、富太太、官太太、演藝人員，經常看到她們樂於在媒體前現身，尤其是時尚界，各家品牌為了博取媒體版面，時常找來這些名媛為活動站台助陣，所以她們時而是出席的嘉賓；時而是品牌的代言；時而又是走秀的模特兒。在這波「名媛風潮」的驅使之下，似乎有許多人也渴望能躋身進入「名媛」之列，將「名媛」當成是個人的一種「頭銜」，以此

在臺灣都會的大街小巷，不時可以看到孫芸芸以模特兒之姿，出現在巨大的看板上，為時尚品牌作足宣傳。（圖由「飄靈圖庫」提供）

作為抬高個人身價的跳板，故也時而聽聞「假名媛」的新聞。

說到臺灣的「第一名媛」，一般都公認孫芸芸是也，擁有迷人亮麗外型的時尚界名人孫芸芸，她是許多人喜歡、稱羨的對象，從12歲就擁有自己「LV」的孫芸芸，她有百貨界最年輕美麗老闆娘的稱號，她是微風廣場的時尚顧問，擔任過Tiara Group（TG）設計總監，創辦飾品品牌Star by Yun，也參與化妝品的開發，她所代表的是時尚的化身、潮流的指標，是這個時代「Fashion Icon」的首席時尚教主，所以現在我們經常看到許多的文本，將「孫芸芸」一詞等同於「時尚流行」的術語，例如：「孫芸芸款式」、「孫芸芸的最愛」。

當然在媒體宣傳中，我們更是不時看到孫芸芸以名媛身分，受邀擔任時尚模特兒的畫面或報導，其實這種由名媛來擔任時尚模特兒的方式，早在1920年代西方的時尚界就相當普遍，是一種常態，只不過在臺灣的時尚模特兒發展史，這倒是史無前例。從「第一名媛」貫穿到「第一時尚女王」，孫芸芸一直是廣告界代言產品的寵兒，稱她是「廣告代言的超級名模」一點都不為過，因為她確實把「名媛」、「代

MISS SOFI

從「第一名媛」到「第一時尚女王」，孫芸芸是廣告界代言產品的寵兒，在國內她堪稱是「廣告代言的超級名模」。（圖由「飄靈圖庫」提供）

言」、「名模」三種角色巧妙的結合，在「時尚」形象的主軸之下，成功建構三位一體的組合。

模特兒題材的偶像劇

原名《PM10-AM3》的《PMAM》迷你實境偶像劇，第一季在2012年首播，這齣由國內製播的微電影，其劇情所講述的是，在臺北都會的一群年輕人，他們迷失在紙醉金迷偏差的價值觀中，身陷於錯亂、空虛、迷茫的都會叢林漩渦裡，劇中也赤裸裸的探究，富二代與野模之間，充滿情慾的男歡女愛。

收視率亮眼的《PMAM》，其成功的賣點，除了是因為動員近500人參與演出，創臺灣偶像演出的人數，該劇還史無前例的動員50位模特兒演出，的確吸引不少觀眾青睞的目光。

《PMAM》最值得一提的是，劇中所出現的許多角色，也都與當前社會相關話題的名詞產生連結，跟觀眾之間形成強烈的共鳴，如「富二代」、

「宅男女神」、「馬甲線女神」、「F級女神」。在模特兒部分，該劇也安排相關人物角色的演出，如「車展小姐」、「時裝模特兒」、「兼職模特兒」等，除此之外，劇情還出現「野模」這個字眼的角色，並以「野模」作為全劇主要的焦點人物，而引發網路熱烈的討論。

所謂的「野模」就是不隸屬任何經紀公司，自己接通告獨立自主的模特兒，她們被視為是模特兒界的流浪兒，通常是小模或者是剛接觸此行業的人。從專業的解釋來說，模特兒分「簽約制」與「配合制」兩類：「簽約制」的模特兒在合約期間，僅能承接簽約公司派發的通告，此類模特兒通常被稱之為「專業」模特兒；「配合制」的模特兒，則沒有與任何公司簽約，自行遊走在不同經紀公司間，由自己一人以「跑單幫」方式接案子，俗稱「野模」。

「野模」還有另一種稱呼叫「散模」，換而言之就是「野模」在接活動、通告結束之後，領了演出費隨即散人，消失得不見蹤跡。在臺灣模特兒界，「野模」一直都有存在，她們

被視為是模特兒圈的邊緣人，沒有經紀人的照顧、呵護與提攜，一切都靠自己一人打理，是十足的「個體戶」，所以她們與有隸屬專業經紀公司的模特兒相比，所受到的待遇與條件，就明顯有很大的差距。

以模特兒題材作為偶像劇，2013年最具代表的就是《女王的誕生》了。該劇是描寫3個時尚模特兒的明爭暗鬥。劇中女主角楊謹華飾演不紅的老模，工作10年不紅不紫，她一直幻想著當上模特兒界的女王，從20歲盼到30歲，人生最美好的時光全給了模特兒圈，從小模到老模，始終不曾是名模，已經30歲的她，該如何面臨年齡漸長的壓力，這正是該劇主要的劇情。劇中另一位女主角蔡淑臻則是扮演時尚名模的角色，這個角色等於讓蔡淑臻現身說法「演出自己」。

一個「不紅老模」，一個「落寞名模」，加上一個「野心嫩模」，似乎忠實反映，在模特兒圈中，模特兒們之間相互競爭角力的「存亡生死鬥」。

從國內電視劇演出的觀察，我們不難看出許多劇情的題材、內容，往往都會忠實反映出當下我們這個時代大家所關切的焦點話題，從2012到2013年，在臺灣接連製播兩部與模特兒有關的偶像劇，這似乎顯示大家對模特兒這個角色或行業，有著高度的關注，而不論是強調辛酸無助，屬於模特兒圈邊緣人「野模」的《PMAM》，或是刻劃時尚模特兒相互競爭的《女王的誕生》，從這兩齣偶像劇都讓我們看到，同樣擁有光鮮亮麗外表的「野模」與「名模」，她們雖然在時尚模特兒界分屬不同的位階、等級，但卻都同樣面臨生存上的壓力，這也不禁讓我們對模特兒這個行業，多了一份感慨與唏噓。

以模特兒為名的廣告訴求

有三則廣告的出現，特別引人注目，分別敘述如下：

(1)模特兒一下輕巧通關。臺灣高鐵公司，於2011年在iOS平台推出全新購票系統「臺灣高鐵T Express ——下一秒！輕巧通關」，讓使用Android手機的旅客，可直接使用智慧型手機完成訂位、付款、取票，並以二維條碼（QR Code）感應進站乘車。對於如此科技化先進的服務，高鐵在廣告宣傳，也推出將「時尚」與「先進」兩者連結的宣傳DM。「5位長相甜美、身材姣好的模特兒，一字排開，如同站在伸展台上擺Pose，正準備『很有時尚味』的通關。」這項廣告DM一出，又為「高鐵」此一品牌，在時尚感氣氛的營造上提升許多。以模特兒作為廣告題材是相當討好的策略，而台灣高鐵公司確實十分懂得這項概念的操作，這也讓它能在國內諸多大眾交通工具中，特別能凸顯出「時尚、科技、進步、質感」的品牌形象，相信這也是許多企業值得借鏡的。

(2)名模穿發熱衣散魅力。2012年冬季最夯、最發燒的服飾商品就屬發熱衣了，由於國內許多品牌紛紛投入發熱衣的開發與製造，一時之間讓國內服裝市場引發一場空前的發熱衣市場大戰。而有趣的是，除了一般服飾廠家推出發熱衣之外，許多超商也加入戰局，超商夾著擁有「你家就是我家」般大街小巷店面通路的優勢，異軍突起成為這場發熱衣爭奪戰的最大贏家。在多家超商同時推出發熱衣當中，統一企業似乎表現得最為亮眼，「統一」除了在服裝材料下足了功夫，利用自家的咖啡研發出碳化纖維，在廣告策略的規畫上更是精準。「統一」除了利用平面海報，進行24小時全天候店面通路的廣告張貼，來進行宣傳之外，並且推出一則名為「7-SELECT Fashion Show-Select New Day」的電視廣告，廣告中出現「以隋棠為首，帶領8位模特兒穿著發熱衣走台步」的畫面，這段氣勢十足的走秀畫面，把款式原本簡單的發熱衣，展現出強烈的時尚感，成功地為發熱衣建立出極簡的魅力。

（圖由實踐大學提供）

(3)人車一體的亮眼車模。三菱汽車在2013年推出一則43秒的電視廣告，其內容簡述如下：「畫面一開始是一位型男，被8位穿著迷你短裙洋裝的模特兒所包圍，這8位長相甜美身材姣好的女模，以走秀方式，踩著性感的高跟鞋，齊步護送這位滿懷開心又笑容得意的男士（一副享受被看見的驕傲），在馬路上安步當車。而行進過程中，不斷引來周邊行人關注的目光，甚至還讓男性路人忘情看到目瞪口呆，其羨慕之情可說是油然而生。而一個轉景，身穿藍色亮麗的8位女模，變成一台藍色的轎車。」這則相當成功且富創意的汽車廣告，播出之後引來許多觀眾熱烈迴響，該廣告似乎忠實陳述：每個男士都希望能擁有一台「像名模般一樣搶眼又時尚的房車」；渴望如廣告中的男士一樣「能有身材姣好、長相出色、性感迷人的模特兒左右陪侍」。這支廣告也讓在片中擔任亮眼車模的「伊林」模特兒，一時爆紅，成為最佳人氣的模特兒，為她們在模特兒界的發展，帶來加分的效益。對於這則廣告有人支持、喜歡，但也有人表達反感、排斥，認為這種將車子（物）與女性（身體）類比，以博得男性慾望滿足之劇情，分明是物化女性、貶抑女性，是不足取的。

空姐與模特兒之間的界線

擁有12,000名員工的澳航，於2013年找來旅居法國巴黎的澳籍設計師馬汀・葛蘭特（Martin Grant）設計新款的制服，該航空公司為了強調新款制服的時尚味，還特別於4月邀請曾為知名內衣品牌「維多利亞的祕密」（Victoria's Secret）走秀竄紅的名

模米蘭達‧克爾（Miranda Kerr），擔當發表會的示範模特兒。不過對於新款的制服，空姐們不但不領情還紛紛抱怨，認為「太貼身、太性感、太火辣、太不實際」，根本不吻合空姐在機上是需要體力勞動的工作，澳航空姐們甚至質疑公司的動機並不單純，認為澳航是不是要她們成為「機上的模特兒」，以此作為招攬客人宣傳的把戲，所以她們齊聲反彈說：「我們不是名模。」

而有趣的是，這場「澳航制服事件」，不禁讓我們回想起，同樣是和「空姐與模特兒」有關的一則國內新聞：「停飛兩年後即將復飛的遠航，在2010年10月分對外宣布11月16日周年慶將復飛」，這則訊息原本是件相當普通的消息，但在遠航高層發表消息時並同時聲明：「將計畫訓練專業模特兒兼任空服員，外型姣好、賞心悅目的優先錄用。」此話一出，便引發輿論界一片的譁然與討論：「是不是臺灣本地的模特兒發展有限？工作沒有保障，需要四處張羅兼差以維持生計呢？還是模特兒這個頭銜太吃香處處受人歡迎呢？」

緊接而後，遠航就祭出「女模空姐」噱頭的訊息，從近200名線上模特兒中，選出20人來擔任遠航空姐，她們個個年輕貌美，薪水與一般空姐一樣，只不過是她們飛航時數較少，讓她們可以同時兼任模特兒的工作。遠航還表示，將陸續從模特兒經紀公司找來身材、面貌姣好的模特兒擔任空服員，希望未來每班機至少有三分之一的空姐都由女模來服勤。

不知道遠航這種「女模空姐陪你一同翱翔」的策略，是否真的能為自家航空業的業績，開出長紅、創造利潤，但整

件事情卻讓我們從「空姐與模特兒」這之間角色定位的拿捏，看到國內模特兒這個行業，存在一些值得省思的問題。因為到今天許多人在看待模特兒，都會陷入一種極度矛盾的情節之中，一方面覺得模特兒有光鮮亮麗的外表令人十分稱羨；但在另一方面對這種行業卻又相當鄙視瞧不起。雖然說，近年國內一些較具規模的模特兒經紀公司都十分用心在經營，希望讓模特兒這個角色步向專業化，一些知名模特兒甚至還成為社會認同的典範，受到肯定。但是就整體來看，國內模特兒界發展至今，模特兒圈與模特兒個人，還是處在極需調整、轉變與提升的狀態，而我們確信：「讓模特兒這個行業與人才養成，能回歸專業角色的確立」，這應該就是國內模特兒業，當前的首要重視之道了。

經過一連串從1960年代到2010年代這六個年代，針對國內時尚模特兒的發展所進行的探究，相信大家對臺灣時尚模特兒這半百的風貌，也應該有一番的瞭解。當我們喜見國內時尚模特兒這60年的歷程，由平淡步向蓬勃；由冷門邁向絢爛，看到這個行業，一路走來呈現出更豐富多彩的成長。只不過在此同時，也不免要心存憂慮，因為有很多涉世未深的年輕人，非常嚮往五光十色的模特兒生涯，但因未能慎選模特兒經紀公司，以及未能獲得更多正確的資訊，而招來個人的一些不幸與傷害，故在此特別建議，有意嚮往時尚花花世界的少女，一定要戒慎恐懼，如同走在舞台上，需步步為營、謹慎小心。

（圖由實踐大學提供）

國家圖書館出版品預行編目 (CIP) 資料

時尚模特兒／葉立誠著. -- 第一版. -- 臺北市：商鼎數位，
2020.05
　面；　公分
ISBN 978-986-144-182-5(平裝)

1.模特兒　2.歷史

　　　　497.2809　　　　　　109004655

時尚模特兒

作　　者　葉立誠

發 行 人　王秋鴻
出 版 者　商鼎數位出版有限公司
　　　　　地址／235 新北市中和區中山路三段136巷10弄17號
　　　　　電話／(02)2228-9070　傳真／(02)2228-9076
　　　　　郵撥／第50140536號　商鼎數位出版有限公司
　　　　　商鼎文化廣場：http://www.scbooks.com.tw
　　　　　千華網路書店：http://www.chienhua.com.tw/bookstore
　　　　　網路客服信箱：chienhua@chienhua.com.tw

編輯經理　甯開遠
執行編輯　尤家瑋
封面設計　李欣潔
內文編排　商鼎數位出版有限公司

出版日期　2020年5月15日　第一版／第一刷